D1702962

DAS BMW V8 BUCH

DAS BMW V8 BUCH

REINHARD LINTELMANN

PODSZUN
MOTORBÜCHER

Inhalt

Dank

Ein Großteil der Farbaufnahmen zeigt Fahrzeuge, die das Automuseum Ibbenbüren anläßlich der ständig wechselnden Sonderausstellungen präsentierte. Unser Dank gilt der Museumsleitung und allen Besitzern, die ihre BMW-Oldtimer bereitwillig für die Fotoproduktion zur Verfügung stellten. Außerdem bedanken wir uns bei Herrn Rodd Alkhayat, Köln vom BMW Veteranenclub, der mit Rat und Tat zur Seite stand und bei Herrn Halliday von der BMW AG, München.

Abbildungen

Automobilhistorischer Bilderdienst, Klaus Benter, Braunschweig; Halwart Schrader, München; Robert de la Rive Box, Seon (Schweiz); Schröder und Weise, Automobilia, Hannover; Bayerische Motoren Werke AG, Herr Zollner; Wolfgang Tiedemann, Hamburg; Archiv Reinhard Lintelmann, Espelkamp; Dr. Dieter Günther, Hamburg; Rodd Alkhayat, Köln; Archiv Podszun-Motorbücher Brilon.

Verwendete Literatur

Auto, Motor und Sport, verschiedene Jahrgänge; Automobil- und Motorradchronik, verschiedene Jahrgänge; Motor Klassik, verschiedene Jahrgänge; BMW V8 Journal, verschiedene Jahrgänge; Deutsche Autos 1945 bis 1975, W. Oswald, Stuttgart 1976; Die Fahrgestelle und Motoren der Personenkraftwagen, R. Gebauer, Stuttgart 1956; BMW Automobile, H. Schrader, Gerlingen 1978.

© 1989
Verlag Podszun-Motorbücher, 5790 Brilon
Herstellung: Druckhaus Cramer, 4402 Greven
ISBN 3-923448-38-4

Der Autor

Reinhard Lintelmann, Jahrgang 1955, erlernte den Beruf des Fotografen. Seine Leidenschaft zu historisch interessanten Automobilen, besonders zu Sportwagen, entdeckte er schon vor über zehn Jahren. Seit langem engagiert er sich mit Veröffentlichungen und Fotoproduktionen in nationalen und internationalen Automobil-Fachzeitschriften. 1986 erschien sein erstes erfolgreiches Buch: „Deutsche Roller und Kleinwagen der fünfziger Jahre". Es folgten 1987 die Publikation „Die deutschen Autos der sechziger Jahre" und eine präzise Typologie über „NSU Personenwagen". Weitere Projekte sind in Arbeit.

Vorwort

Das vorliegende Buch läßt noch einmal den Wiederbeginn des Automobilbaus bei BMW nach dem Zweiten Weltkrieg Revue passieren. Eisenach, in der Osthälfte Deutschlands gelegen und nun vom Konzern getrennt, fällt als Fahrzeughersteller für BMW aus. 1951 setzt BMW seine Tradition im Automobilbau mit großen Reiselimousinen fort. Fahrzeuge, die ihren unverrückbaren Platz in der deutschen Automobilgeschichte eingenommen haben.

So ist dieser Band dem legendären „Barockengel" und seinen Nachfolgern vom „503" bis hin zum flotten „3200 CS Bertone" gewidmet, dem typenreichen Kontrastprogramm, das sich bis Ende der fünfziger Jahre den Markt mit BMWs Kleinwagen teilen mußte. Diese Modellpolitik trug dennoch kaum Früchte, so daß 1959 der Verkauf der BMW AG unabwendbar schien. Erst die Sanierung des nicht mehr für lebensfähig erachteten Unternehmens ab 1960 durch Herbert Quandt sicherte den Start der „Neuen Klasse", mit der BMW an die erfolgreiche Automobilbau-Tradition der dreißiger Jahre anknüpfen konnte.

Auf einen Blick –
Der Werdegang vom ersten BMW 501 zum BMW 3200 CS Bertone

1949

Es liegen erste konkrete Gedankengänge für den Bau einer neuen Limousine vor, die mit einem Sechszylindermotor der 2-Liter-Klasse bestückt werden soll. Unabhängig davon läuft auf dem Prüfstand schon ein Achtzylindermotor, ein für BMW gänzlich neues Antriebskonzept, das erst fünf Jahre später als ausgereifte Konstruktion im BMW 502 für Aufsehen sorgt.

1950

Die neue Limousine der 2-Liter-Klasse nimmt allmählich Gestalt an. Im Mai präsentiert BMW einen viertürigen Eigenentwurf. Das bei Autenrieth in Darmstadt in Auftrag gegebene zweitürige Coupé wird ebenso verworfen wie die dritte Designstudie, für deren Linienführung der italienische Altmeister Pininfarina verantwortlich zeichnet.

1951

Auf der Frankfurter IAA wird der im Design fast endgültige, aber noch nicht serienreife Prototyp präsentiert. Eine Serienproduktion des auf die Bezeichnung „501" getauften Wagens ist zum Scheitern verurteilt, da nach wie vor die Karosseriepressen nicht einsatzfähig sind.

1952

Mit über einem Jahr Verspätung läuft die Produktion der Serie an, die ersten 2.000 Rohkarosserien werden von dem Stuttgarter Karosseriebauwerk Baur geliefert. Im Dezember können endlich die ersten Wagen an die ungeduldige Kundschaft ausgeliefert werden.

1953

Konnte man im Dezember letzten Jahres nur bescheidene 49 Einheiten produzieren, so folgt im September 1953 das erste kleine Jubiläum: der 1.000. BMW 501 verläßt die Werkshallen; die gesamte Jahresproduktion beträgt 1.645 Einheiten.

1954

Im Januar reifen erste Gedankengänge eines Sportwagenprojekts, zu denen kurze Zeit später Graf Goertz diverse Entwürfe vorlegt. Eine von Ernst Loof gebaute, dem Veritas-RS ähnelnde Version findet keine Zustimmung. Im März überrascht BMW auf dem Genfer Salon mit der Präsentation des 502. Er ist der erste deutsche Wagen, der von einem V8-Zylinder-Motor (100 PS, 2,6 Liter) in Leichtmetallbeiweise angetrieben wird. Seine Produktion beginnt im Mai. Der weiterhin erhältliche BMW 501 ist jetzt wahlweise in einer „A"- oder „B"-Version erhältlich.

1955

Bei Baur in Stuttgart entsteht zu Jahresbeginn der erste Typ 503. In der Münchener Versuchsabteilung wird mit Hochdruck der von Goertz entworfene Typ 507 realisiert. Seine Präsentation findet im Juli statt, der Ort des Geschehens ist das New Yorker Nobelhotel Waldorf Astoria. Die Limousinen 501 A und 501 B werden im März durch den 72 PS (2077 ccm) starken modifizierten 501 abgelöst, einen Monat später sorgt der 501 mit V8-Zylinder-Motor (95 PS, 2580 ccm) für Gesprächsstoff. Auf der

Frankfurter IAA (September) debütieren nochmals die Sportwagen 503 und 507, ein sogenannter Typ 502 3,2 Liter (V8-Motor, 120 PS) rundet das Programm exklusiver Limousinen nach oben hin ab.

1956
BMW beginnt im Mai mit der Serienfertigung des 503, im November verlassen die ersten 507-Sportwagen das Werk.

1957
Nach 43 bisher verkauften BMW 507 (I. Serie) läßt BMW im März aufgrund der Modellpflege dem Wagen verschiedene Modifikationen angedeihen (II. Serie). Auf der IAA wird der 502 als 3,2-Liter-Super-Modell präsentiert, sein V8-Motor leistet jetzt 140 PS.

1958
Zum Jahresende läuft die Produktion des 501-Sechszylinders aus, für alle V8-Limousinen werden neue Typenbezeichnungen eingeführt:
501 - Achtzylinder = 2,6
502 2,6 Liter = 2,6 Luxus
502 3,2 Liter = 3,2
502 3,2 Liter Super = 3,2 Super

1959
Nach 252 gebauten Fahrzeugen stoppt BMW im März die Produktion des 507. Ebenso läuft die Fertigung des 503 aus, der es auf insgesamt 412 Einheiten brachte. Ab Oktober wird der 3,2 Super serienmäßig mit Bremsservo und vorderen Scheibenbremsen ausgestattet.

1960
Im Werk entstehen erste Pläne für ein neues V8-Coupé, das an die Tradition des 503 anknüpfen soll. Hierbei orientiert man sich an Entwürfen des italienischen Designers Nuccio Bertone, dessen Prototyp in einigen Details abgeändert wird.

1961
Das neue V8-Coupé mit der werksinternen Bezeichnung BMW 532 wird unter dem Namen BMW 3200 CS Bertone auf der Frankfurter IAA präsentiert. Bei den Limousinen wird die Motorleistung teilweise erheblich gesteigert, was abermals zu neuen Modellbezeichnungen führt:
2,6 (95 PS) = 2600 (100 PS)
2,6 Luxus (100 PS) = 2600 L (110 PS)
3,2 Luxus (120 PS) = 3200 L (140 PS)
3,2 Super (140 PS) = 3200 S (160 PS)

1962
Im Februar beginnt die Serienfertigung des Coupé 3200 CS Bertone. Im Fertigungsprogramm gestrichen werden die Limousinen-Modelle 2600 und 3200 L.

1963
Die Limousinenfahrwerke werden modifiziert und erhalten vordere Stabilisatoren sowie einen hinteren Panhardstab. Auf Wunsch ist jetzt anstelle der Lenkradschaltung eine sportliche Knüppelschaltung lieferbar.

1964
Nach zehnjähriger Bauzeit läuft die V8-Limousinen-Palette, zuletzt bestehend aus den Typen 2600 L und 3200 S, aus.

1965
Die Fertigung des letzten BMW Coupé, dem 3200 CS Bertone, wird im September nach 603 Einheiten eingestellt.

Neue Perspektiven im Automobilbau bei BMW: der BMW 501

Besucher der Internationalen Frankfurter Automobilausstellung 1951 muß es förmlich die Sprache verschlagen haben, denn das, was sie dort auf dem Ausstellungsplatz von BMW zu sehen bekamen, war kein Kleinwagen, den sich nur wenige vom bitter verdienten Lohn leisten konnten, sondern eine wuchtige Limousine der automobilen Oberklasse. Warum BMW diesen Schritt nach vorn wagte? Nun, immerhin profitierte man von der Motorradproduktion, und der Zweiradverkauf bildete eigentlich den

Der BMW 326 (von 1936 bis 1941): Seine Linienführung wurde bis 1943 (BMW 335) immer weiter entwickelt und findet sich beim BMW 501 wieder. Angetrieben wurde der BMW 326 (die Fotos zeigen ihn als Limousine und Cabriolet) von einem Reihen-Sechszylinder, der Maschine, die in leistungsgesteigerter Form für die ersten 501-Sechszylinder übernommen wurde.

Grundstein für das Werk München nach 1945. Die Eisenacher Fabrikationshallen in der sowjetischen Besatzungszone waren für immer verloren. Und gerade dort fixierte BMW seine damalige Automobilproduktion: qualitativ hochwertige Fahrzeuge, deren Tradition weitergeführt werden sollte und mußte. Eine rentable Kleinwagen-Fertigung hätte sich zu diesem Zeitpunkt nur in größeren Einheiten gerechnet, doch die technischen Voraussetzungen sprachen für den Bau eines exklusiveren Fahrzeuges geringer Stückzahl, zumal BMW hier an den von 1936 bis 1939 produzierten Typ „326" anknüpfen konnte. Zweifelsohne orientierte man sich an der Vorkriegs-Linienführung, auch die Motorkonzeption erschien den Technikern noch mustergültig. Natürlich wurde der etwas betagte Reihen-Sechszylinder – seine Gußformen existierten noch – für sein Comeback erst einmal gründlich überarbeitet.

Wenn man bedenkt, daß die Münchener 1949 mit den Arbeiten für ihren ersten Nachkriegswagen begannen und die fast serienreife Version auf der IAA 1951 unter der Bezeichnung BMW „501" dem Publikum präsentierten, so ist das eigentlich eine mehr als stolze Leistung: Immerhin zeigte BMW bereits im Vorjahr zwei Prototyp-Versionen. Eine hauseigene Kreation – sie erinnerte vom Design her stark an vergangene Epochen – mußte sich an der pontonförmigen, von Pininfarina gestylten Karosserie messen. Das italienische Design fand, aus welchem Grund auch immer, keinen Anklang. BMWs langerwarteter Neubeginn startete, entgegen der Formgebung aller anderen Automobile jener Zeit, mit einer gewöhnungsbedürftigen, vielleicht für Individualisten zugeschnittenen Linienführung. Interessenten, die ungeduldig auf den 501 warteten, gab es mehr als genug. Der Serienbeginn des „Barockengel" mußte immer wieder verschoben werden, weil BMWs Karosseriepressen bei weitem noch nicht einsatzfähig waren. 2000 von Baur in Stuttgart gefertigte Rohkarosserien ermöglichten nach über einem Jahr Verzögerung den Produktionsanlauf. BMW nutzte die Zeit und gab dem 501 noch so manche technische und optische Verbesserung mit auf den Weg, bevor die ersten schwarz lackierten Wagen mit hellgrauem Interieur im Dezember 1952 ausgeliefert wurden.

Gerade die luxuriöse Innenausstattung machte den 501 so beliebt. Auf beiden Sitzbänken, wobei der einzeln abgeteilte Fahrersitz verstellbar war, ließ sich bequem Platz nehmen. Und das zu Recht: Erstmals setzte man in einem deutschen Automobil bei der Polsterung Schaumgummi ein. Und was andere nur gegen Aufpreis anboten, fand man im 501 bereits serienmäßig: ein Drucktasten-Autoradio vom Typ Becker-Monaco und eine Heizungs-/Belüftungsanlage.

501-Entwurf von BMW Styling Chef Schimanowski (geteilte Frontscheibe, Grill unter Niere).

501 Prototyp auf Testfahrt mit Fahrer und Monteur.

*501 Prototyp, fast seriengetreu, mit schwarzen Nieren-
lamellen.*

501 Prototyp, wie er im ersten Prospekt präsentiert wurde (unten).

501 Prototyp mit 60 PS, Schmetterlings-Scheibenwischern, auf den Kotflügeln fehlt der Langblinker, Blechschlitze für Luftzufuhr wie später beim 501 B fast verwirklicht. Ausstellungsfahrzeug der IAA 1951.

Pinin Farinas Prototyp 501 von 1951 findet bei BMW kein Interesse.

Das Konzept

Aber es gab auch Neuerungen technischer Natur an diesem Luxusauto. Beispielsweise den „Vollschutzrahmen", von dem BMW den Passagieren „in voller Breite Sicherheit" versprach. Der Rahmen ist hier als geschweißte breite Kastenkonstruktion mit weiter Ausladung ausgelegt, die durch Querrohre versteift ist und vorn in kräftige Kasten-Motorträger ausläuft. Über der starren Hinterachse ist der Rahmen nach oben abgekröpft und der Rohrquerholm durch Seitenstreben zum Torsionsstab-Lagerblock hin versteift. Für die Aufnahme der Karosserie ist an den seitlichen Längsträgern noch eine Reihe Aufleger angeschweißt. Beachtenswert sind auch die beiden fast bis zur Wagenmitte durchgehenden Motorholme, zwischen denen einmal der Motor und zum anderen das Getriebe elastisch gelagert sind. Ein vorn angeschweißter Querholm dient zur Befestigung der Stoßstange.

Das vollsynchronisierte ZF-Vierganggetriebe ist nicht, wie allgemein üblich, direkt an den Motor angeblockt, sondern stark geneigt unterhalb der Vordersitze plaziert und wird vom Motor durch eine kurze Zwischenwelle angetrieben. Somit ließen sich eine lange schwingungsempfindliche Kardanwelle vermeiden und durch Wegfall des Getriebetunnels die Beinfreiheit auf den Vordersitzen erhöhen. Alle Gänge des Getriebes haben eine synchronisierte Klauenschaltung, das heißt, sämtliche aus legiertem Edelstahl gefertigten Zahnräder sind ständig im Eingriff. Die Kardanwelle zum Hinterachsantrieb ist in Nadeln gelagert sowie statisch wie dynamisch ausgewuchtet. Der Hinterachsantrieb hat Hypoid-Kegelräder. Beim Hypoidantrieb greift das Kegelrad nicht in Mitte des Tellerrades an, sondern möglichst tief im unteren Teil. Daraus resultierten, auch durch die Spiralverzahnung, ein ruhiger Lauf und eine flache Bauweise des Kardantunnels.

Interessant beim BMW ist die Einzelradlenkung. Obwohl BMW früher Anhänger der Zahnstangenlenkung war, ist die jetzt verwendete Kegelradlenkung im Prinzip nichts anderes als eine abgewandelte Zahnstangenlenkung, lediglich, daß ein Zahnrad nicht auf einer geraden Zahnstange, sondern ein Kegelrad auf einem Zahnsegment abrollt. Da alle Zahnstangenlenkungen dazu neigen, Fahrbahnstöße durchkommen zu lassen, hat BMW elastische Gummielemente dazwischengeschaltet. Die Lenkung selbst ist relativ direkt übersetzt, trotzdem verhältnismäßig leichtgängig mit gutem Bodenkontakt, hohem Wirkungsgrad und selbsttätigem Rücklauf.

Sowohl die Vorder- als auch die Hinterräder sind allseitig torsionsstabgefedert. Die vorderen Achsschenkel greifen an zwei Dreiecklenkern an. Am zweiten Querholm des Rahmens sind sie starr, aber durch die Einstellschrauben vorspannbar befestigt. Wird das Rad infolge eines Hindernisses nach oben bewegt, so wird der Torsions-

501 Fahrgestell-Prototyp mit Dreispeichenlenkrad, das serienmäßig nicht verwendet wurde.

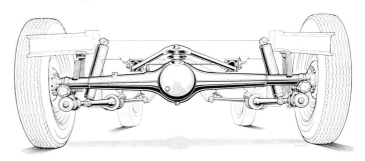

Bei der Hinterachsaufhängung (sie wurde im Laufe der Zeit permanent verbessert) dürfte es sich zweifellos um eine der geschicktesten BMW-Starrachslösungen handeln. Ihre besondere Dreieckabstützung nebst Drehstabfederung sorgten für angemessenen Fahrkomfort.

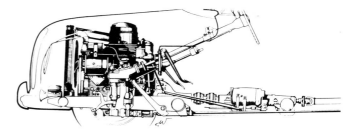

Motor- (hier der Sechszylinder) und Getriebeanordnung im Schnitt. Gut erkennbar das Verbindungsstück der Aggregate: Eine kurze Gelenkwelle führt zum sperrsynchronisierten ZF-Viergang-Getriebe.

11

Vorderbau des 501 ohne Kotflügel.

stab auf Drehung beansprucht, das heißt weiter vorgespannt. Der Torsionsstab übernimmt also die Aufgabe der Abfederung. Interessant ist weiterhin die Anordnung der schrägstehenden Teleskopstoßdämpfer. Oben sind sie am kurzen Hebelarm (innen) des Dreiecklenkers und unten am großen Hebelarm (außen) befestigt. Jedes Achsaggregat bildet eine besondere Baugruppe, die separat montiert werden kann. Die Schmierung aller Vorderachs- und Lenkungsteile erfolgt automatisch aus dem Ölvorrat des Lenkgehäuses, Nadellager sorgen für leichtes Ansprechen der Federung.

Eine nicht minder interessante Lösung stellen die Hinterachsaufhängung und -abfederung dar. Das Differential ist elastisch an einem Dreiecklenker befestigt, der wiederum elastisch in Gummigelenken am hinteren Rahmenholm angelenkt ist. Die beiden Torsionsstäbe werden über Federhebel verdreht. An den Federhebeln greifen außerdem die schräggeneigten Teleskopstoßdämpfer an, die anderseitig am Rahmenquerholm beweglich befestigt sind. Fangbänder begrenzen außerdem den Ausschlag der Hinterachse nach unten. Diese Art der Abfederung und Aufhängung einer starren Hinterachse ist eine gute Lösung, denn sie ist einfach, elastisch einstellbar, reibungsfrei (gegenüber anderen Federarten) und garantiert gute Bodenhaftung der Laufräder, denn sie reagiert auf kleinste Unebenheiten der Straße.

Die Fußbremse, als hydraulische Anlage ausgelegt, wirkt auf alle vier Räder. Vorn ist eine Duplex-Ausführung mit zwei Bremszylindern und zwei auflaufenden Backen vorgesehen. Hinten sind Simplex-Bremsen mit Stufenzylinder eingebaut. Beim Stufenzylinder hat die auflaufende Bremsbacke einen kleineren Radzylinder als die gegenüberliegende, um auf diese Weise allseits gleichmäßige Anpreßdrücke zu erhalten. Die Handbremse arbeitet mechanisch über Seilzug auf die Hinterräder.

Noch große Stoßstangenhörner, gelochte Stahlfelgen und etwas Chrom: der BWM 501 erhielt in der Serie unterhalb der Scheinwerfer Ziergitter anstelle horizontaler Schlitze. Der Verkaufskatalog gibt nicht nur die Abmessungen seiner Karosserie wieder, er läßt auch die Größe des Fahrgastraumes im bestgefederten Bereich des Wagens erahnen.

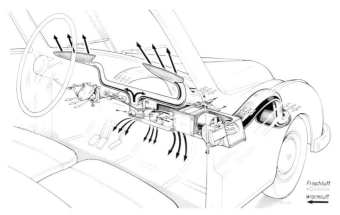

Das damals moderne Lüftungssystem des 501.

Die BMW Sechszylinder-Typen: BMW 501/501 A/501 B

Wie bereits erwähnt, griff man für die Motorisierung des neuen 501 auf das bewährte Vorkriegs-Aggregat vom BMW 326 zurück. Modifikationen, sprich andere Gestaltung der Ansaug- und Auspuffkanäle im Zylinderkopf, geänderte Einlaßventile, höhere Verdichtung und größerer Ventilhub, brachten der Maschine die erforderliche Drehmoment- und Leistungssteigerung von 15 PS. Gab sie im BMW 326 ihre Höchstleistung von 50 PS bei 3750 U/min ab (max. Drehmoment 10,7 mkg), so wurden jetzt beim 501 immerhin 65 PS bei 4400 U/min auf die Hinterräder gebracht. Trotz dieser Maßnahmen spürte man, daß das seidenweich laufende, langhubige Sechszylin-

der-Aggregat für einen 1340 kg schweren Sechssitzer etwas schwach ausgelegt war.

Erst im März 1954 löste BMW den 501 der ersten Serie durch zwei stärkere Nachfolgemodelle ab: 501 A und 501 B (präsentiert auf dem Genfer Salon 1954) warben ein Jahr lang um die Gunst der Käufer. Technisch betrachtet unterschieden sich die Typen nicht. Beiden Limousinen standen nunmehr 72 PS Leistung aus der Zwei-Liter-Maschine zur Verfügung. Äußerlich ließen sich die beiden Modelle durch neu gestylte, längere Rücklichter und andere Felgen (ovale Felgendurchbrüche anstelle runder) von der ersten Serie unterscheiden. Wer sich für den preisgünstigen 501 B entschied, der mußte sich keineswegs mit weniger Technik zufriedengeben. Dieses Modell verzichtete lediglich auf gewisse Ausstattungsmerkmale wie z. B. Motorraumleuchte, Handgashebel, Liegesitze, hinten seitlich ausklappbare Armlehnen – im Prinzip Dinge, die eigentlich nur das „Wohlbefinden" und den Fahrkomfort etwas steigern. In der Frontpartie zeigte der 501 B keine mit Alu-Ziergittern verkleidete Frischluft-Einlaßöffnungen, sondern nur einfach in die Kotflügel eingestanzte Schlitze. Unter dieser Prämisse galt hier der 501 A als unmittelbarer Nachfolger des 501 der ersten Serie, doch was es nun nicht mehr von Haus aus gab, war das serienmäßige Radio. Hier hatte der Käufer gegen Aufpreis unter drei diversen Anlagen die Qual der Wahl.

Den Modellen 501 A und 501 B folgte nach einjähriger Bauzeit im April 1955 die dritte und gleichzeitig am längsten gebaute Auflage des Sechszylinder-Barockengel. Der werksintern 501/6 bezeichnete Wagen, der sich optisch durch die Türschlösser, verchromten Zierat und Stoßstangen ohne serienmäßige Hörner von seinen Vorläufern abhob, lief immer noch mit dem betagten Motor. BMWs Techniker brachten ihn jetzt endgültig auf Höchstform, indem sie den Hubraum von 1971 ccm auf 2077 ccm vergrößerten. Doch die Verkaufszahlen des Sechszylinder-Modells sanken rapide. Die Konkurrenz lockte mit technisch modernen Konstruktionen für weniger Geld, und schließlich gab es ja mittlerweile im eigenen Haus die V8-Zylinder-Versionen der Typen 501 und 502. Grund genug, Ende 1958 die Fertigung des Sechszylinder-Barockengels einzustellen, der BMW durch permanente Garantieleistungen nur horrende Verluste brachte.

501 B, kleine Radkappen, Kofferraumdeckelgriff als Handknebel.

13

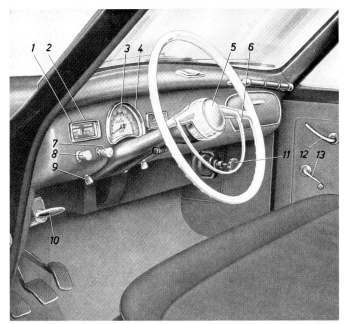

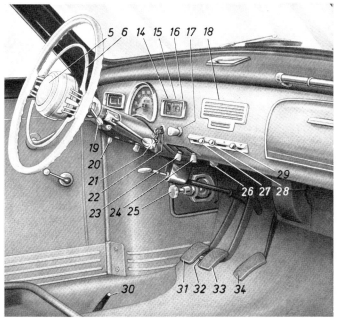

1 Öldruckanzeige	10 Handbremse
2 Kühlwasserthermometer	11 Sommer-Belüftung rechts
3 Winker-Kontrolleuchte	12 Türinnengriff
4 Tachometer	13 Fensterkurbel
5 Blinklichtschalter	Über der Windschutzscheibe:
6 Signalring	Zeituhr
7 Scheibenwischer-Schalter	2 Sonnenblenden
8 Lichtschalter	Rückblickspiegel
9 Rücksteller für Tageszähler	

Bedienungselemente 501 A, 501 B.

14 Fernlicht-Kontrolleuchte	24 Handgashebel (nur an 501 A)
15 Benzinstandanzeiger	25 Sommer-Belüftung links
16 Ladekontrolleuchte	26 Gebläseschalter
17 Zigarrenanzünder	27 Frontscheibenbelüftung
18 Radio-Einbaumöglichkeit	28 Heizungshebel
19 Winkerhebel	29 Fußraumbelüftung
20 Motorhauben-Entsicherungshebel	30 Benzinhahn
(nur an 501 A)	31 Kupplungs-Fußhebel
21 Gangschalthebel	32 Abblendschalter
22 Zündanlaßschalter	33 Brems-Fußhebel
23 Starterhebel	34 Gas-Fußhebel

Innenansicht der schlichten 501-B-Ausstattung, durchgehende Sitzbank gab es nur beim 501 B.

501 B Sechszylindermotor, der aus Sparsamkeit ohne Ölfiltertopf gebaut wurde.

Wortlaut des Prospekts BMW 501

Eingedenk der Verpflichtung, ein Fahrzeug zu schaffen, das den guten Ruf früherer BMW-Wagen im In- und Auslande nicht nur fortsetzt, sondern steigert, entstand mit dem neuen BMW 501 ein Wagen, der den Wünschen anspruchsvoller Fahrer gerecht wird. Erfahrene Konstrukteure, kritische Versuchsingenieure, meisterliche Karosseriebauer und ein bewährter Facharbeiterstamm schufen den BMW 501, ein Fahrzeug hoher Leistung, das durch seine Form und Linie, Geräumigkeit und Innenausstattung die Voraussetzungen neuzeitlichen Automobilbaues erfüllt.

Als Kraftquelle dient ein Sechszylindermotor, der die Vorzüge tourenmäßiger und sportlicher Laufeigenschaften in sich vereint. Durch die günstige Wahl der Hinterachsübersetzung in Verbindung mit der Windschlüpfrigkeit der Karosserie liegen die Verbrauchswerte bei durchschnittlicher Fahrweise im allgemeinen nur wenig über 10 Liter auf 100 km. Nur im Bereich sehr hoher Reisedurchschnitte steigert sich der Verbrauch auf 12 Liter. Das Getriebe besitzt Sperrsynchronisierung in den Vorwärtsgängen und verfügt über äußerste Laufruhe. Die Kupplung wird hydraulisch betätigt. Die Getriebeschaltung erfolgt durch eine besonders leichtgängige, bequem im Griffbereich des Fahrers liegende Lenksäulenschaltung.

Beide Vorderräder bilden mit ihrer Aufhängung und Lenkung je eine selbständige, leicht auswechselbare Baugruppe. Anstelle der früheren Lenkungsart findet eine neuentwickelte Kegelzahnradlenkung Verwendung, die in ihrer Wirkung die bewährte BMW-Zahnstangenlenkung noch erheblich übertrifft. Die zielsichere, leichtgängige Lenkung gewährleistet ausgezeichneten Kontakt mit der Fahrbahn. Die Vorderradaufhängung besitzt eine wirkungsvolle Abfederung durch die in der Wagenlängsachse liegenden Drehstäbe. Durch die bemerkenswerte Verbesserung der Hinterachsaufhängung wurde eine ausgeglichene Federungscharakteristik erreicht, die, unabhängig von der Zahl der Fahrzeuginsassen, bei jeder Belastung des Wagens das Gefühl gleichguter Federung vermittelt. Die Dämpfung der Federbewegungen erfolgt durch schräg angeordnete Teleskopstoßdämpfer. Die Verwendung von Drehstäben für die Vorder- und Hinterradfederung wirkt sich günstig auf die Bodenhaftung der Laufräder, die Fahreigenschaften und Straßenlage des Wagens aus. Die auf alle vier Räder wirkenden hydraulischen Bremsen mit einem Trommel-∅ von 280 mm besitzen automatische Nachstellung.

Die strömungsgünstige viertürige Karosserie bietet sechs Personen bequem Platz und entspricht in ihrer Formschönheit und reichhaltigen Innenausstattung neuzeitlicher Automobil-Architektur. Die gewölbte, großflächige Windschutzscheibe ohne Mittelsteg vermittelt in einem weiten Winkel ausgezeichnete Sicht. Der rechte Vorder-

kotflügel ist vom Fahrersitz aus gut sichtbar, wodurch das Fahren und Parken erleichtert wird. Die Gerätetafel ist mit einem bequem zu bedienenden Radio-Drucktastengerät ausgestattet. Eine angenehme Raumtemperatur schaffende Heizanlage führt den Warmluftzustrom wahlweise in das Wageninnere und hinter die Windschutzscheibe zur Entfrostung. In der warmen Jahreszeit ist durch den Bedienungshebel der Belüftungsanlage kühle Luft auf die gleiche Weise einführbar. Die Frischluftkanäle liegen außerhalb des Motorraumes, so daß die in das Wageninnere geleitete Frischluft nicht angewärmt wird. Das Ausmaß des Kofferraumes gestattet die Unterbringung fünf großer Normalkoffer sowie des kleinen Reisegepäcks. Der im Wagenheck über der Hinterachse liegende Kraftstoffbehälter faßt 58 Liter.

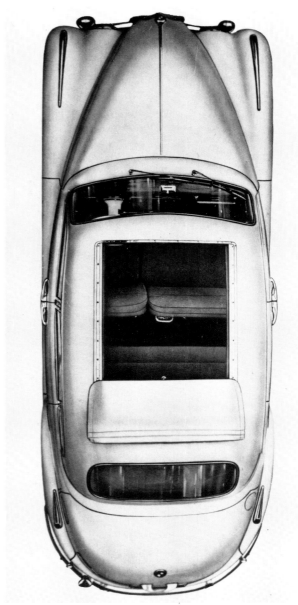

501 mit Faltdach, Ansicht aus der Vogelperspektive

501 B mit Faltdach neben einem Dixi.

501 mit Liegesitzen, die Uhr ist über dem Innenspiegel angebracht.

Frühes 501 A Baur-Cabriolet, bei dem Blinker und Standlicht noch getrennt sind.

Wem die Normalausführung nicht exklusiv genug schien, der konnte mit einer Sonderkarosserie für noch mehr Aufsehen sorgen. Da reichten auch sechs Zylinder unter der Haube und Spitze 145 km/h vollkommen aus. Die Fotos zeigen ein Cabriolet vom Typ 501 – Karosserie Baur.

501 A, Sechszylinder-Cabriolet von Baur.

Der Kastenprofilrahmen der BMW 501/502: ein stabiler Unterbau ohne Blattfedern. Die Hinterachse wird über Dreieckslenker geführt, vorn kommen Doppelquerlenker zum Einsatz. Das in Höhe der Vordersitze plazierte und nicht am Motor angeflanschte Getriebe erforderte einen komplizierten Übertragungsmechanismus zur Lenkradschaltung. Vom Fahrwerk her waren alle auf diesem Baumuster basierenden Modelle praktisch gleich.

Die zweitürigen Cabrios von Baur machen offen und geschlossen eine gute Figur.

Sechszylinder-Coupé mit 72 PS, 2,1 Liter.

501 A Cabriolet-Sechszylinder von Baur mit Rudge-Imitatradkappen.

Technische Daten BMW 501 Sechszylinder-Modelle

BMW 501	BMW 501 A BMW 501 B	BMW 501/6

Motor:

6 Zylinder in Reihe	6 Zylinder in Reihe	6 Zylinder in Reihe

Bohrung/Hub:

66/96 mm	66/96 mm	68/96 mm

Hubraum:

1971 ccm	1971 ccm	2077 ccm

Verdichtung:

6,8:1	6,8:1	7,0:1

Leistung:

65 PS bei 4400 U/min	72 PS bei 4400 U/min	72 PS bei 4500 U/min

max. Drehmoment:

13,2 mkg bei 2000 U/min.	13,3 mkg bei 2500 U/min.	13,8 mkg bei 2500 U/min.

Motorkonstruktion: hängende Ventile; Stoßstangen und Kipphebel; seitliche, durch Duplexkette angetriebene Nockenwelle; vierfach gelagerte Kurbelwelle; Wasserkühlung (7,25 Liter – Pumpe) – elektrische Anlage: 12 Volt, 160 Watt – Schmierung: Öl, 4,5 Liter, Druckumlauf – Verbrauch: 12,5 - 13 Liter Super/100 km

1 Doppelfallstromvergaser Solex 30 PAAJ	1 Doppelfallstromvergaser Solex 30 PAAJ	1 DoppelfallstromRegistervergaser Solex 32 PAITA

Kraftübertragung: Einscheiben-Trockenkupplung, Vierganggetriebe getrennt vom Motorblock unter Vordersitzen plaziert (Typ: S 4-15 von ZF)
Lenkradschaltung, Hinterachsantrieb – Übersetzung: 4,225:1 (beim 501/6 wahlweise auch 4,551:1)
Übersetzungen Vierganggetriebe: 1. Gang 4,24:1 (ab September 1955 = 3,78:1)
2. Gang 2,35:1
3. Gang 1,49:1
4. Gang 1,00:1
Rückwärtsgang: 5,38:1

Fahrwerk, Aufhängung: Vollschutzrahmen aus Kasten-Längs- und Rohr-Querträgern mit Boden der Karosserie verschweißt; hinten Starrachse mit Dreieck-Schublenker und Längs-Federstäbe; vorn Doppelquerlenker und Längs-Federstäbe; Hydraulische Fußbremse Trommel-∅ 284 mm, Bremsfläche 840 cm² – Lenkung: Kegelrad, Übersetzung 16,5:1; 3,5 Lenkradumdrehungen

Serienausführung: viertürige Limousine mit Ganzstahlkarosserie bzw. Sonderkarosserien, Verbundglasfrontscheibe, Doppelhorn, Tageskilometerzähler, Wasserthermometer, Öldruckanzeige, regelbare Armaturenbrettbeleuchtung, Zeituhr, Zigarrenanzünder, Becker-Autoradio (nur 501 erste Serie), Werkzeugkasten (beim 501 B nur Werkzeugtasche), Schaumgummipolsterung, Liegesitze (nicht bei 501 B), im Fond seitlich ausklappbare Armlehnen (nicht bei 501 B), Heizungsanlage

Zusatzausrüstung: Becker-Autoradio-Anlage (bei allen außer 501 erste Serie), Standartenhalter auf Kotflügel, Rückspiegel auf Kotflügel, fächerförmige Auspuffblende, illuminiertes D-Schild, Rückfahrscheinwerfer, Nebelscheinwerfer, Scheibenwaschanlage, Rad-Drahtspeichenzierblende, abschließbarer Tankdeckel

Außenfarben: Beige (nicht 501 B), Beige-Elfenbein (für 501/6), Cortinagrau (für 501/6), Dunkelblau (nicht 501 B), Graugrün, Maron, Pastellgrün, Schwarz

Polsterfarben: Graugrün, Stahlblau, Weinrot, Graublau und Grün für 501/6

Abmessungen: Radstand: 2835 mm – Spur vorn: 1322 mm – Spur hinten: 1408 mm – Gesamtlänge: 4730 mm – Breite: 1780 mm – Höhe: 1530 mm – Wendekreis: 12 Meter – Wagengewicht: 1340 Kg – zul. Gesamtgewicht: 1725 kg (Typ 501/6: 1800 kg) – Reifen: 5.50-16 (bei 501/6 wahlweise 6.40-15) – Felgen: 4.00 E x 16 (bei 501/6 wahlweise 4,5 K x 15)

Höchstgeschwindigkeit:

135 km/h	140 km/h	145 km/h

Beschleunigung von 0 auf 100 km/h:

27 sek.	23 sek.	20,5 sek.

Preise:

1952: 15.150 DM	März 1954: 14.180 DM (für 501 A) März 1954: 12.680 DM (für 501 B)	April 1955: 12.500 DM

Produktion:

1952 bis 1953: 1706	1954 bis 1955: 2251 vom Typ 501 A 1371 vom Typ 501 B	1955 bis 1958: 4645

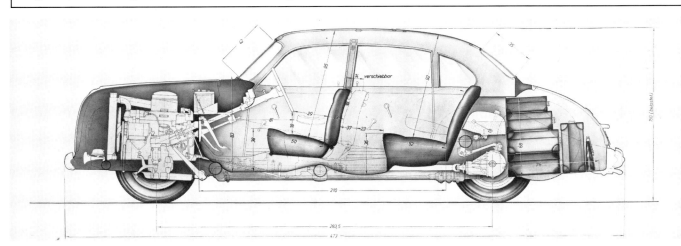

Die großen Achtzylinder von BMW: BMW 502

So luxuriös und prestigeträchtig die ersten BMW 501 auch waren, sie alle hatten zwei gravierende Fehler: Zum einen war es ihr betagtes Motorenkonzept, das die qualitativ exzellent verarbeiteten Wagen so schwerfällig machte, zum anderen war es der hohe Anschaffungspreis von durchschnittlich 15.000 DM. Der lag nämlich zwischen dem des Daimler-Benz 220 (12.000 DM) und dem des Daimler-Benz 300 (20.000 DM). Dafür erhielt man bei der Konkurrenz aus Untertürkheim leistungsfähigere Motoren. Doch das sollte sich bald ändern. Auf dem Genfer Salon 1954 debütierte neben den verbesserten Versionen 501 A und 501 B eine Limousine gleicher barocker Linienführung – doch die hatte es in sich, im wahrsten Sinne des Wortes. Unter dem Kürzel BMW 502 zeigte sich unter ihrer Haube endlich ein dem Wagen angemessenes Motorenkonzept. Jetzt war es BMW gelungen, der schwäbischen Konkurrenz Paroli zu bieten: Der erste Achtzylinder-V-Motor deutscher Produktion tat seinen Dienst! BMW hatte das bereits 1949 beschlossene Konzept verwirklicht. Und es durfte durchaus als ausgereift gelten. Mit der Fertigung konnte diesmal ohne Verzögerung begonnen werden, die Produktionseinrichtungen waren fertiggestellt, und im Juli 1954 rollten die ersten BMW 502 aus den Werkshallen.

Fahrgestell und Karosserie entstammten natürlich dem BMW 501, doch von außen erkannte man den 502 V8 an der breiten Chromleiste in der Gürtellinie und den in die Kotflügel eingebauten Nebelscheinwerfer.

V8-Motor in der ersten Version.

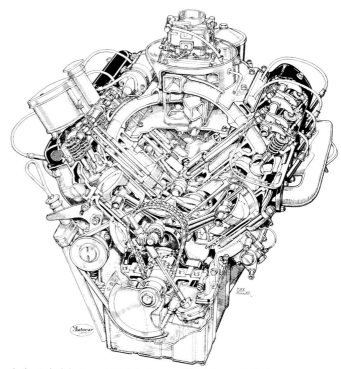

Schnittbild eines V8-Motors mit 2,6 bzw. 3,2 Liter Hubraum.

Warum entschied sich BMW beim Achtzylinder für die V-Form? Die Antwort liegt klar auf der Hand: Ein Reihen-Achtzylinder hätte allein vom Gewicht und vom Platz her in einem neuzeitlichen Wagen nichts mehr zu suchen gehabt. Eine V-förmige Anordnung der Zylinder bringt nicht nur die Vorteile gewisser Kompaktheit – soweit es die Baulänge betrifft –, auch Gleichlauf und Massenausgleich der Maschine profitieren davon. Mit dem V8 sind BMWs Konstrukteure erstmals von dem traditionellen Langhub abgegangen. Das Verhältnis von Bohrung/Hub (74/75 mm) ergibt einen nahezu quadratischen Motor, dessen mittlere Kolbengeschwindigkeit 12 m/sek. beträgt und somit eindeutig auf Lebensdauer ausgelegt ist. Bei einem Gesamthubraum von 2580 ccm beträgt die spezifische Leistung 36 PS pro Liter Hubraum. Natürlich läßt sich noch mehr herausholen, aber die Techniker setzten hier auf einen elastischen Tourenmotor von optimaler Laufruhe. Ein Doppel-Fallstromvergaser sorgt beim V8 für gute Füllung der Zylinder. Dementsprechend hoch ist sein Drehmoment von 18 m‹g, das praktisch in den mittleren Drehzahlbereich von 2500 U/min fällt. Von der zentralen, zwischen den Blöcken liegenden Nockenwelle werden die parallel in Reihe hängenden Ventile über Stößel, Stoßstangen und Kipphebel gesteuert, die Kurbelwelle ist nicht mehr wie bei den Sechszylinder-Modellen vierfach, sondern fünffach gelagert.

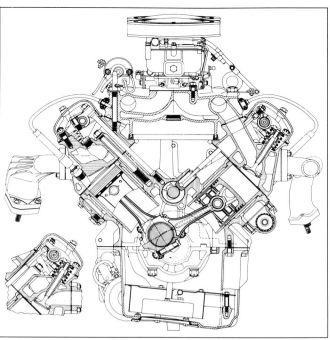

BMW's kurzhubiger V8-Motor (Zündfolge: 1-5-4-8-6-3-7-2) war nicht nur der erste deutsche V8-Zylinder nach dem Krieg, sondern auch der erste in Serie gebaute Alu-Leichtmetall-V8-Motor der Welt. Das Aggregat wurde anfangs mit einem doppel-Fallstromvergaser, später mit zwei Doppel-Fallstromvergasern und bei den letzten Modellen mit zwei Doppel-Registervergasern bestückt.

Querschnitt des V8-Motors.

Längsschnitt des V8-Motors.

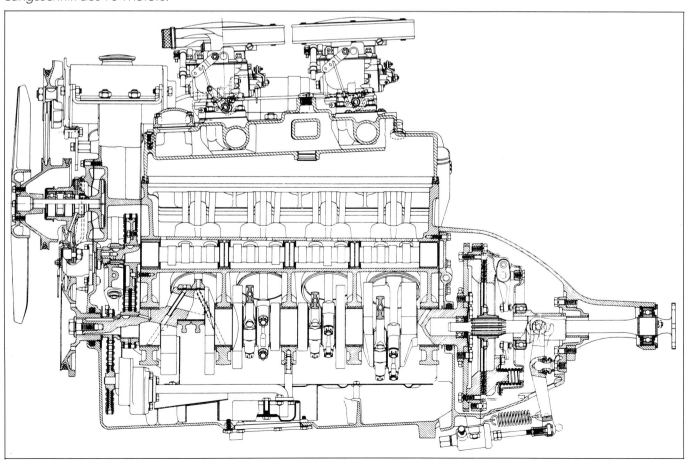

Beschreibung des BMW V 8-Zylinder-Automobilmotors

Originaltext zu der BMW-Lehrtafel (Abbildung rechts)

1. Gehäuse und Zylinder (in Lehrtafel grau dargestellt)
Das Alu-Motorgehäuse besteht aus dem Kurbelgehäuse mit angegossenen Zylindermantelblöcken und 5 Kurbelwellenlagerdecken, sowie angeflanschtem Kupplungsgehäuse und Ölwanne.
Die Schleuderguß-Zylinderlaufbuchsen sind wassergekühlt in das Kurbelgehäuse eingesetzt und unten mit 2 Gummiringen abgedichtet. Etwaiges, am ersten Dichtring durchgesickertes Kühlwasser kann aus einem Leckloch im Zylindermantel nach außen austreten.
Die Alu-Zylinderköpfe sind je Zylinderseite als Block ausgebildet. Für Auslaß- und Einlaßventile sind Bronze-Führungsbuchsen und Ventilsitzringe eingepreßt. Der Raum zwischen den 2 Zylinderköpfen und dem Kurbelgehäuse ist mit einem Deckel verschlossen, an dem auch das Ölfiltergehäuse angegossen ist.
Ventile und Schwinghebel sind durch Zylinderkopfhauben öldicht und geräuschdämpfend eingekapselt.

2. Triebwerk (in Lehrtafel rot dargestellt)
Die Leichtmetallkolben besitzen je 3 Dichtringe und einen Ölabstreifring. Der schwimmende Kolbenbolzen ist seitlich durch je einen Federring gesichert.
Die Pleuelstangen laufen mit Bronzebuchsen auf dem Kolbenbolzen und auf den Hubzapfen mit geteilten Dreistofflagerschalen.
Die Pleuelstangen der versetzt gegenüberliegenden Zylinder sind gemeinsam auf je einem Hubzapfen gelagert.
Die Kurbelwelle aus Stahl ist mit den Gegengewichten aus einem Stück gefertigt und sorgfältig ausgewuchtet. Sie ist im Kurbelgehäuse 5 mal gelagert. Anlasserkranz mit Schwungscheibe sind an der Kurbelwelle angeflanscht. Letztere dient gleichzeitig als eine Friktionsscheibe der angebauten Einscheibenkupplung.

3. Steuerung (in Lehrtafel blau dargestellt)
Die Nockenwelle ist in der Mitte zwischen den Zylindern im Kurbelgehäuse 5 mal gelagert und besitzt für jedes Ventil einen eigenen Nocken. Sie wird von einem Doppelrollen-Kettenantrieb mit halber Motordrehzahl angetrieben.
Ventilstößel, Stößelstangen und Schwinghebel mit Ventilspiel-Einstellschraube übertragen den Ventilhub auf die Ventile.
Einlaßventile und Auslaßventile hängen zueinander parallel und zur Zylinderachse nach oben geneigt im Zylinderkopf. Die Auslaßventile sind am Schaftende und am Ventilsitz mit einer Hartmetallauflage gepanzert. Die Ventile werden mit einer Schraubenfeder und Federteller mit geteiltem Keilkegel gehalten. In vier Schwinghebelböken, die einerseits am Zylinderkopf und andererseits durch lange Stiftschrauben zum Kurbelgehäuse abgestützt sind, lagert die Schwinghebelachse, um den Wär-

meausdehnungseinfluß auf das Ventilspiel möglichst auszuschalten.

4. Gemischbildung (in Lehrtafel Kraftstoffpumpe gelb dargestellt)
Die Membran-Kraftstoffpumpe wird von einem Nocken am vorderen Ende der Nockenwelle angetrieben und fördert den Kraftstoff vom Tank zum Vergaser.
Der Doppel-Fallstromvergaser ist auf dem Ansaugverteiler aufgebaut. Die Ansaugluft tritt in das Saugrohr des Naßluftfilters ein und strömt durch den ölbenetzten Filtereinsatz zum Vergaser. Das Kraftstoff-Luftgemisch wird im Ansaugverteiler vorgewärmt und den einzelnen Zylindern zugeleitet. Die Gemischvorwärmung erfolgt durch das vom Motor kommende Kühlwasser, sowie durch Auspuffgase, die vom Gemischvorwärmregler am rechten Auspuffkrümmer mittels einer Bimetallfeder selbsttätig geregelt, infolge Abgasdrosselung über Heizrohr und Heizkammer im Ansaugverteiler zum linken Ansaugkrümmer überströmen. (Die Motoren 3,2 l mit erhöhter Leistung haben 2 Doppelfallstromvergaser. Die Abgas-Gemischvorwärmung wird dabei durch eine verstärkte Kühlwasser-Gemischvorwärmung ersetzt).

5. Elektr. Ausrüstung (in Lehrtafel orange dargestellt)
Die Lichtmaschine hat einen nachspannbaren Riemenantrieb. Sie speist die gesamte elektrische Anlage des Fahrzeuges mit 12 Volt Spannung.
Der Zündverteiler wird von der Nockenwelle über den Schmierpumpenantrieb mit angetrieben. In dem eingebauten Unterbrecher wird der Primärstromkreis in den jeweiligen Zündpunkten unterbrochen und vom Verteiler der in der Zündspule hochgespannte Zündstrom zu den Zündkerzen der entsprechenden Zylinder verteilt. Die Zündzeitpunktverstellung erfolgt im Unterbrecher selbsttätig durch einen Fliehkraftregler und eine Unterdruck-Teillastregelung vom Vergaser her.

6. Schmierung (in Lehrtafel braun dargestellt)
Die Druckölschmierung des Motors besorgt eine Zahnradpumpe, die von der Kurbelwelle über Schraubenräder angetrieben wird. Die Pumpe saugt das Öl aus dem Ölsumpf der Ölwanne über ein Ölsieb an und drückt es am Überdruckventil vorbei zum Wärmeaustauscher, in dem das heißere Öl vom vorbeistreichenden Kühlwasser gekühlt wird. Von hier kommt das Drucköl zu den einzelnen Hauptlagern und durch Bohrungen in der Kurbelwelle zu den Pleuellagern. Steigleitungen führen Drucköl in die hohlen Schwinghebelachsen und ein Teil fließt in den Nebenstromölfilter, der das gereinigte Öl in die Ventilstößelkammer zwischen den beiden Zylinderreihen für die Nockenwellenschmierung liefert. Das Schleuderöl von den Hauptlagern und Pleuelstangen schmiert Zylinder

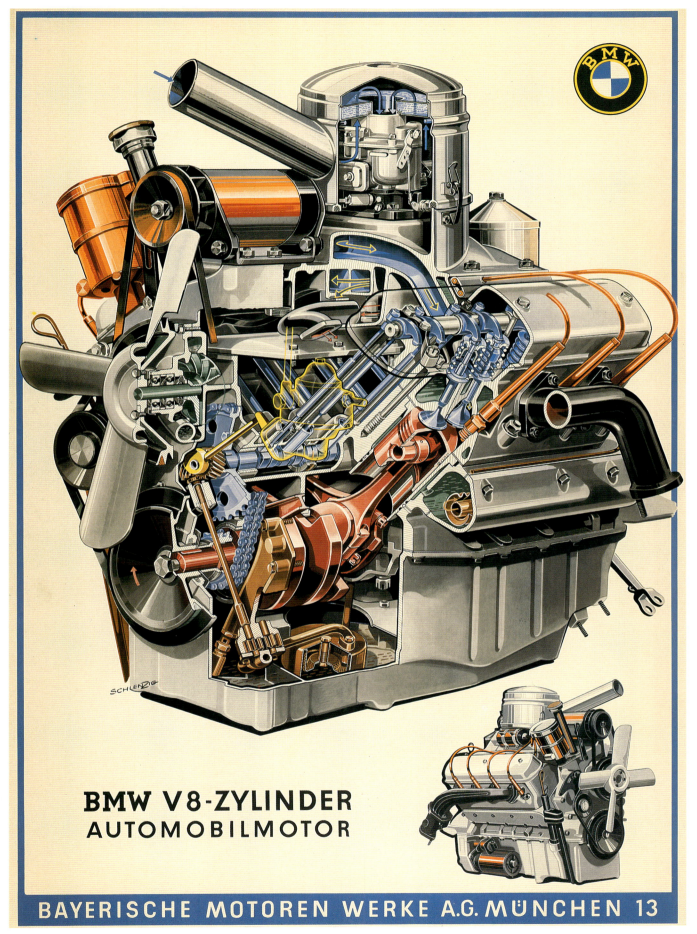

BMW V8-ZYLINDER
AUTOMOBILMOTOR

und Kolbenbolzen. Alles Ablauföl sammelt sich dann wieder im Ölsumpf.

Ist ein Hauptstromfilter angebaut, wird, abweichend von vorbeschriebenem Ölkreislauf, das gesamte Öl von der Ölpumpe am Überdruckventil vorbei zum Filter und von dort zum Wärmeaustauscher geführt, aus dem es zu den Schmierstellen gelangt.

7. Kühlung (in Lehrtafel grün darstellt)

Die Kühlwasserpumpe, die eine Dauerschmierung besitzt, wird mittels Riemenantrieb mit Spannrolle von der Kurbelwelle angetrieben. Die Pumpe saugt das Kühlwasser vom Kühler an und drückt es rechts über den Wärmeaustauscher und links über einen Verteilerraum zu den einzelnen Zylindern und Zylinderköpfen, von denen es durch einen Verbindungskanal im Ansaugverteilergehäuse zum Thermostat und zurück zum Kühler fließt.

BMW 501: erst als Sechszylinder-, später auch als Achtzylinderversion zu haben.

502 V8 mit 100 PS und 2,6-Liter-Maschine.

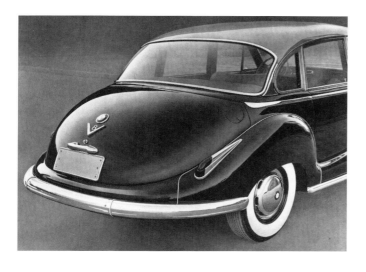

Ein Armaturenbrett im Stil der Zeit: aufs Minimum beschränkte Instrumentierung und keineswegs ergonomisch positionierte Schalter und Knöpfe. Dafür gab es aber in Chrom gefaßte Instrumente, ein weißes Lenkrad und den Haltegriff für den Beifahrer über dem Handschuhfach.

Als der Sechszylindermotor an die Grenze seiner Leistungssteigerung stieß, erhielt der „Barockengel" die Achtzylindermaschine, mit der er nicht nur zum absoluten Prestige-Wagen, sondern auch zum ersten deutschen Achtzylinderautomobil der Nachkriegszeit avancierte. Als sogenannter Typ 502 zeigte er sich mit zusätzlichen Nebelscheinwerfern und einer Chromleiste unterhalb der Fensterlinie, ab 1955 sorgte die größere Heckscheibe für mehr Sicht nach hinten.

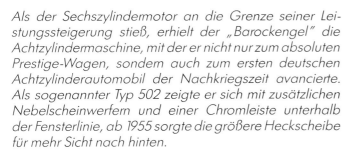

BMW 3,2 Super aus dem Automuseum Ibbenbüren.

Die Entwicklungsstufen des BMW 502 von 1954 bis 1964 einschließlich BMW 501 Achtzylinder

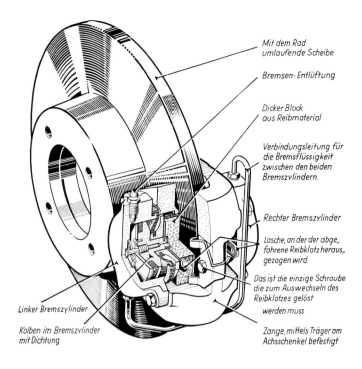

Mit dem Rad umlaufende Scheibe

Bremsen-Entlüftung

Dicker Block aus Reibmaterial

Verbindungleitung für die Bremsflüssigkeit zwischen den beiden Bremszylindern.

Rechter Bremszylinder

Lasche, an der der abge„ fahrene Reibklotz heraus„ gezogen wird

Das ist die einzige Schraube die zum Auswechseln des Reibklotzes gelöst werden muss

Zange, mittels Träger am Achsschenkel befestigt

Linker Bremszylinder

Kolben im Bremszylinder mit Dichtung

Schema der Scheibenbremse für den BMW Wagen 3,2 Super

1954

Als ersten deutschen Serienwagen der automobilen Oberklasse präsentiert BMW 1954 anläßlich des Genfer Salons den von einem V8-Zylinder-Motor angetriebenen BMW 502. Die Serienproduktion läuft im Juli 1954 an.

1955

Die in ihrer Leistung von 100 PS auf 95 PS reduzierte 2,6-Liter-Maschine wird ab März 1955 in die etwas schlichter gehaltene BMW-501-Karosserie mit kleinerem Heckfenster eingebaut.
Im September 1955 debütiert auf der Frankfurter IAA der 502 – 3,2 Liter. Dieses Modell mit dem auf 3,2 Liter Hubraum aufgebohrten Motor geht einen Monat später in Serie.
Der 502 – 2,6 Liter erhält ab September eine Panorama-Heckscheibe.

1957

Die Modellpalette wird ab April um den noch leistungsstärkeren, mit zwei Vergasern ausgestatteten Typ 502 3,2 Liter Super erweitert.

1958

Der BMW 502 – 2,6 Liter erhält im Herbst die neue Bezeichnung BMW 2,6 Luxus.
Der BMW 501 Achtzylinder nennt sich ebenfalls ab Herbst anders. Seine neue Bezeichnung lautet nunmehr BMW 2,6.
Der BMW 502 – 3,2 Liter schließt sich dem neuen Kürzel an und wird jetzt als BMW 3,2 weitergebaut.

1959

BMW stattet die 2,6-Liter-Modelle und den BMW 3,2 auf Wunsch mit Bremsservo aus. Der BMW 502 – 3,2 Liter Super wird jetzt serienmäßig mit Bremsservo und vorderen Scheibenbremsen geliefert.

1961

Eine neue Codierung der Modellpalette löst endlich die verwirrenden Bezeichnungen ab. Nach dem neuen übersichtlichen System nennen sich jetzt alle V8-Limousinen mit dem 2,6-Liter-Motor 2600; 2600 L bzw. 3200 L und 3200 S für die 3,2-Liter-Motorversionen. Gleichzeitig stattet das Werk aus Rationalisierungsgründen alle Typen interieurmäßig fast identisch aus. Das brachte natürlich Vorteile für die „kleineren" Wagen, sie erhielten jetzt Ausstattungsmerkmale, die bis dahin nur den 3,2-Liter-Modellen vorbehalten blieben. Um noch kostengünstiger ar-

502-Fahrgestell.

beiten zu können, erhielten alle Barockengel Rückleuchten aus BMWs Motorradproduktion. Schlußlicht, Bremslicht und Blinkereinheit wurden in ein Gehäuse zusammengelegt – dank dieser Lösung ließen sich die kleinen, auf der hinteren Stoßstange montierten Schlußlichtgehäuse sparen.

Zur IAA 1961 debütieren die etwas modernisierten V8-Limousinen bei unverändertem Hubraum mit mehr Leistung unter den oben erwähnten neuen Typenbezeichnungen:

2600 = 100 PS (alte Bezeichnung: 2,6 = 95 PS)
2600 L = 110 PS (alte Bezeichnung: 2,6 Luxus = 100 PS)
3200 L = 140 PS (alte Bezeichnung: 3,2 Luxus = 120 PS)
3200 S = 160 PS (alte Bezeichnung: 3,2 Super = 140 PS)
Übrigens: Entgegen der Verkaufscodierungen nannte man im Werk alle 2,6-Liter-V8-Modelle Typ 502 – die 3,2-Liter-Versionen rangierten unter dem Sammelbegriff Typ 506!

1962

BMW stellt im Sommer die Produktion der Typen 2600 und 3200 L ein.

1963

Das Fahrwerk der noch gefertigten Barockengel wird modifiziert (vordere Stabilisatoren, hinten Panhardstab).

Das Getriebe wird direkt am Motor angeflanscht – durch diese Umstellung lassen sich die Fahrzeuge mit Knüppelschaltung ausstatten.

1964

Eine Automobilepoche geht ihrem Ende entgegen. BMW stellt die Produktion der noch aus den Typen 2600 L und 3200 S bestehenden Modellreihe ein. Trotzdem hatten alle Barockengel, egal ob 501 oder 502, ihren unverrückbaren Platz im deutschen Straßenbild. Knapp 22.000 Käufer entschieden sich während zehn Jahren Bauzeit für BMWs prestigeträchtige Limousinen. Obwohl keine Barockengel mehr aus den Hallen rollten, das phantastische V8-Antriebsaggregat blieb noch drei Jahre im Programm. Es wurde zuletzt als Antriebsquelle für Rennboote vertrieben.

Motor-Rundschau-Test: BMW 501 V-8 2,6 L

August 1955

In der Konzeption und in der Detail-Ausführung zeigt auch der „501 V-8" die bekannte BMW-Tradition und Qualität (Näheres siehe Test „501 A" MR 19/54.) Viele Sonderheiten sind für die überdurchschnittliche Straßenlage und den beachtlichen Komfort verantwortlich wie: In der Mitte besonders breites, steifes Rahmenfundament mit dem Aufbau verschweißt, ausgeklügelte Drehstabfederung vorn und hinten, Beinfreiheit vorn durch Getriebeverlagerung unter die Sitzbank, leichtgängige Betätigungen, besonders der Kupplung (mit hydraulischem Zwischenglied) und der Türen.
Der V-8-Motor gibt dem Wagen eine Elastizität und ein Temperament wie es auch in ähnlichen Klassen ganz selten ist! Beispiel: Von 0 auf 100 km/h in 15 sec. Mit dem 4. und 3. Gang wird ein wesentlicher Teil des Fahrbereichs beherrscht. – Auf der Autobahn bedeuten 120 km/h ein ruhiger „Bummel".
So ist der „501 V-8" (mit den beiden breiten Sesseln vorn) ein großräumiger Fünfsitzer mit hohem Sitzkomfort, mit besonderer Geschmeidigkeit und besonderem Temperament auf allen Straßen.

Bewertung

Motor und Antrieb

Der 2,6-L-Motor, der einzige deutsche V8 im Pkw, überzeugt durch den wirklich ausgeglichenen, geschmeidigen Lauf und das Temperament. Dadurch ergeben sich auch die hohen Fahrleistungsunterschiede gegenüber dem 2-L-Modell. Der Achtzylinder ist etwas Besonderes! Im gesamten Drehzahlbereich sehr leise. – Superkraftstoff ist zu empfehlen. – Praktisch ist das „Handgas". – Motor und Zubehör sind gut zugänglich.

Getriebe und Schaltung

Das sehr sorgfältig abgestimmte Vierganggetriebe arbeitet in allen Gängen geräuscharm. Sehr angenehm ist die weiche hydraulisch betätigte Kupplung. Die völlig beinfreie, griffige Lenksäulenschaltung ist durch Zwangssynchronisierung in allen Gängen schnell und sicher und in den oberen Gängen recht leicht zu schalten.
Das Getriebe liegt getrennt vom Motor unter der vorderen Sitzbank, dadurch im vorderen Beinraum nur flacher Tunnel.

Straßenlage

Durch günstige Schwerpunktlage, beste Lenkkinematik, Einzelradfederung vorn und die Abstützung (exakte Führung durch Dreiecklenker) und Federung der leichten, starren Hinterachse ist die Straßenlage auf fast allen Straßen überzeugend. Entsprechend hohe Sicherheit auch bei hohen Durchschnitten. – Die geringe Hinterachsbelastung durch den vorgeschobenen Motor ist durch die besondere Achs- und Federungskonstruktion und die entsprechende Straßenhaftung kaum bemerkbar (mit der Starrachse ist hier wohl ein Optimum erreicht!).

Federung

Durch Einzelradfederung vorn, durch lange Drehstäbe vorn und hinten (mit besonderer Anlenkung) ist die Federung progressiv und durch große Dämpfer recht ausgeglichen, genügend weich ohne Beeinträchtigung einer sportlichen Fahrweise. Nur kurze Stöße (welliges Kleinsteinpflaster) kommen etwas durch, zeitweilig auch in der Lenkung. – Kurvenneigung durch die Art der Hinterachsabstützung gering.

Bremsen

Ausgeglichen und gut, nur bei warmer Bremse noch störende Rupfneigung. – Handbremse beinfrei als Griffbremse unter dem Armaturenbrett.

Ausstattung

BMW-Qualität auch im Detail. Sehr behaglicher Fünfsitzer, vorn zwei große Sessel, im Sitzen verstellbar. Beide Vordersitz-Rückenlehnen dreifach verstellbar. Kleine Armlehnen vorn und große einschwenkbare Armlehnen hinten. – Praktische Griffstangen für den Beifahrer vorn und handliche Griffseile im Fond. – Polsterung sehr gut mit Schaumgummiauflage. – Sehr guter Ein- und Ausstieg durch vier Türen. Fahrereinstieg auch von rechts bequem. – Abblendung sowohl mit Fußschalter als auch mit Knopf in Lenkradmitte (nachts auch als „Lichthupe"). – Klare Instrumente im Fahrerblickfeld. – Tunnel vorn ganz flach und ebensowenig störend wie der kleine Kardantunnel hinten. – Sicht gut, vorn sehr gut, auch auf die Aufsatzleisten beider Kotflügel. – Wirksame, durchdachte, zugarme Heiz-Lüftung (mit doppelter Frischluftzuführung über Filtereinsätze mit Gebläseverstärkung) mit Entfrostung. Besonders intensive Sommerbelüftung. – Vier Kurbelfenster und zusätzliche Schrägstellscheiben vorn und im Fond! – Bequeme Ablage im Fond. – Sehr günstig gestalteter großer Gepäckraum! Reserverad steht aufrecht links im Gepäckraum. – Tank im Heck, Dreiwegehahn griffbereit für Fahrer. – Qualitätswerkzeug griffbereit links im Fahrerfußraum. – Batterie unter der von innen verriegelten Motorhaube. – Rundherum Sicherheitsglas. – Weitere Ausstattung siehe unter „Karosserie".

Kleine Wünsche

Die letzte Ausfeilung der so durchdachten Konstruktion: Noch weiteres Abfangen der feinsten Stöße (welliges Kopfsteinpflaster) von Karosserie und Lenkung. – Bei jeder Belastung und jedem Tempo rupffreie Bremsen. – Schaltung in den unteren Gängen noch leichtgängiger. – Lenkrad mit griffiger Mittelspeiche und Signalhalbring (ähnlich wie bei 501 B). – „Lichthupe" für jede Schaltschlüsselstellung (auch bei Tagfahrt) und blinkend! – Abdeckung des Reserverades gegen das Gepäck.

Kennzeichnung: BMW Typ „501 V-8"

Motor

Wassergekühlter Achtzylinder-Viertakt-V-Motor mit hängenden Ventilen durch Stoßstangen und Kipphebel gesteuert (Ventilspiel warm E. und A. 0,25 mm). Einlaß öffnet 2° v. oT, schließt 38° n. uT, Auslaß öffnet 38° v. uT, schließt 2° n. oT bei 0,5 mm Ventilspiel. Bohrung/Hub 74/75 mm. Hubraum 2580 ccm. Leistung 95 PS bei 4800 U/min. Verdichtung 7,0 : 1. Max. Drehmoment 18,0 mkg bei 2500 U/min. Kolben Mahle Vollschaft-Autothermik. – Motor normal zwischen den Vorderrädern eingebaut.

Elektrische Anlage

Batterie-Zündung. Zündverstellung mit Fliehkraft- und Unterdruck-Teillastregelung. Zündfolge 1-5-4-8-6-3-7-2. Zündeinstellung 8° vor oT. Unterbrecher-Kontaktabstand 0,35 mm. Zündkerzen: Wärmewert 225, Gewinde 14 mm, Elektrodenabstand 0,9 mm. Batterie 12 V, 56 Ah. Lichtmaschine Bosch LJ/GJM 160/12 1800 R 15. – Verteiler Bosch ZV/LBU. – Anlasser Bosch EGD 1,0/12 AR 25. – Scheibenwischermotor Avog W 7 D.

Vergaser

Solex Doppel-Fallstrom 30 PAAI. – Hauptdüse 2 × 120, Luftkorrekturdüse 2 × 210, Leerlaufdüse 2 × 55, Leerlaufluftdüse 2 × 2,5, Pumpendüse 2 × 40, Starterkraftstoffdüse 180, Starterluftdüse 4,5. Lufttrichter 2 × 24. – Naßluftfilter mit Ansauggeräuschdämpfer vereint. – 70 L Tank (davon 8 L Reserve) über Hinterachse. Kraftstoff-Membranpumpe.

Schmierung

Druckumlaufschmierung. – Motorölinhalt 5 L und 0,5 L im Filter. Ölsorte Sommer und Winter HD-Öl SAE 20.

Kühlung

Wasserkühlung, Pumpenumlaufkühlung. Selbsttätiger Umlaufregler mit Kurzschlußthermostat, Kühlwasserinhalt 7,5 L.

Prüfung

Gewicht

fahrfertig mit vollem Tank . . . . 1390 kg
(Gewicht vorn : hinten = 745 : 645 kg = 54 : 46)
Zulässiges Gesamtgewicht 1800 kg.

Leistungsfähigkeit

leer fahrfertig . . . . 14,6 kg/PS
mit zwei Personen . . . . 16,2 kg/PS

Höchstgeschwindigkeit . . . . 162 km/h

(In den einzelnen Gängen:
I. = 40, II. = 75, III. = 115 km/h)

Beschleunigungszeiten (mit zwei Personen)

von 30 auf 60 km/h im 2. Gang . . . . 4,0 sec
von 40 auf 70 km/h im 2. Gang . . . . 4,0 sec
von 40 auf 70 km/h im 3. Gang . . . . 4,8 sec
von 70 auf 100 km/h im 3. Gang . . . . 7,0 sec
von 70 auf 100 km/h im 4. Gang . . . . 9,0 sec
von 0 auf 80 km/h m. Durchschalten 1.-2. Gang
. . . . 10,5 sec
von 0 auf 100 km/h m. Durchschalten 1.-3. Gang
. . . . 15,0 sec
von 0 auf 120 km/h m. Durchschalten 1.-4. Gang
. . . . 23,0 sec

Bei etwa 10% Steigung

Geschwindigkeit mit einer Person 3. Gang . . . . 99 km/h
Steigfähigkeit bei voller Last:
I. = 45%, II. = 29%, III. = 18%, IV. = 12%

Für den etwas schmaleren Geldbeutel gedacht: BMW 501 V8, eine Sparversion des 502 ohne Chromleisten unterhalb der Fensterkanten und mit kleinem Heckfenster. Diese Version erschien 1955 und nannte sich drei Jahre später BMW 2.6.

Bremsverzögerung (mittlere Verzögerung)
Fußbremse . . . . 6,0 m/sec²
Handbremse . . . . 2,6 m/sec²

Kraftstoffverbrauch
(bei gleichbleibenden Geschwindigkeiten)
bei 50 km/h . . . . 8,6 L/100 km
bei 70 km/h . . . . 9,4 L/100 km
bei 90 km/h . . . . 10,6 L/100 km
bei 120 km/h . . . . 13,2 L/100 km
bei Vollgas = 162 km/h . . . . 20,0 L/100 km*
*) Nur theoretisch-meßtechnisch interessant. Entscheidend ist der Durchschnittsverbrauch.

Reiseverbrauch je nach Belastung etwa
                              12,0 bis 16,0 L/100 km.
(Tester fuhr 2300 km Autobahn, Mittelgebirge und norma-
le Straßen mit zum Teil sehr hohen Durchschnitten mit 12,1
– 12,2 – 13,4 – 15,0 – 15,3 – 16,0 – 16,5 – 16,7 L/100 km.)

Abmessungen
Radstand 2835 mm. Spurweite vorn/hinten 1330/1416 mm, Länge über alles 473 cm. Breite über alles 178 cm. Höhe leer 153 cm. Raummaße siehe Skizze nächste Seite!

Bereifung 6,40 – 15. Luftdruck vorn/hinten 1,8 – 2,0/1,7 – 2,0 atü.

Prüfung
Geprüfte Limousine von 9200 bis 11000 km-Stand. Alle Messungen mit zwei Personen Belastung.

Tester: Joachim Fischer, Frankfurt a. M., August 1955.

Kupplung
Hydraulisch betätigte Einscheiben-Trocken-Kupplung.

Wechselgetriebe
Viergang ZF. Alle Vorwärtsgänge sperrsynchronisiert und

33

geräuscharm. Getriebeanordnung von Motor getrennt unter Vordersitzbank. – Übersetzung 4,14:1 – 2,35:1 – 1,49:1 – 1:1 – R = 5,38:1. – Gesamtübersetzung 17,49:1 – 9,92:1 – 6,3:1 – 4,225:1 – R = 22,7:1. – Getriebeölinhalt 2 Liter, Ölsorte SAE 90 Hypoid.

Hinterachsantrieb
Hypoid-Kegelrad. Übersetzung 4,22:1. – Ölinhalt 2,0 Liter. Ölsorte: SAE 90 Hypoid.

Kraftfluß
Vom vorstehenden Motor über kurze Gelenkwelle auf Getriebe, dann Gelenkwelle auf das Ausgleichsgetriebe der Starrachse hinten.

Rahmen
Breiter Kastenträgerrahmen mit Rohrquerträgern, mit Karosserie verschweißt und schmaler Vorderrahmen zur Aufnahme von Motor und Getriebe.

Federung
Vorn Einzelradfederung. Räder schwingen an zwei Dreieck-Querlenkern. Je ein einstellbarer Torsionsstab längs an den unteren Dreiecklenkern angeschlossen. Doppelt wirkende hydraulische Teleskop-Stoßdämpfer. – Hinten Starrachse mit hochliegender Dreieckabstützung gegenüber Rahmen. Je ein langer Torsionsstab längs. Doppelt wirkende hydraulische Teleskop-Stoßdämpfer.

Räder
Scheibenräder Tiefbettfelge 4,5 K × 16. – Vorderräder Sturz 1°, Spreizung 3,5°, Vorspur 0–3 mm, Vorlauf 0° 50'.

Lenkung
Lenkung mit Kegelradgetriebe mit Übersetzung 16,5:1. Einzelradlenkung mit geteilter Spurstange. Wendekreis 11 m. 3¼ Lenkradumdrehungen von Anschlag zu Anschlag.

Bremsen
Öldruck. – Vierradbremsen vorn Duplex, hinten Simplex mit Stufenzylinder. Gesamtbremsfläche 940 ccm. Bremstrommeldurchmesser vorn und hinten 284 mm. Bremsbelagfabrikat Jurid. Belagstärke 7 mm. Handbremse auf Hinterräder.

Typenschild
Unter der Motorhaube an der Stirnwand in Fahrtrichtung rechts, Fahrgestell-Nummer vorn unter dem Kühler rechts, Motor-Nummer rechts am Motorgehäuse.

Fahrgestellschmierung
Vorrat-Einzelschmierung!

Karosserie
Ganzstahl, mittragend
Limousine „501 V-8" (wie geprüft): Viertürig, fünfsitzig, mit Tacho, Benzinuhr, Öldruckanzeiger, Kühlwasserthermometer, Tagesuhr, Rückspiegel, zwei Sonnenblenden, einem großen Handschuhkasten, 3 Ascher, Heiz-Lüftungsanlage mit Zusatzgebläse und Scheibenentfrostung.

Preis 13.950,– DM
(Als Modell „502" mit großem Heckfenster und noch reichhaltigerer Ausstattung, mit zwei eingebauten Nebelscheinwerfern, Mittelarmlehne im Heck, Behälter für Reserverad usw. 16.450,– DM).
Jahressteuer 375,– DM. Mindesthaftpflichtversicherung 340,– DM

Hersteller
Bayerische Motorenwerke AG., München.

Aus der Werbung – Wortlaut des Prospekts BMW 2,6 Luxus und 3,2 Achtzylinder

„Das Schöne ist der Glanz des Wahren." Die Worte des Thomas von Aquin gelten symbolhaft für den BMW, in dem sich die wahre Schönheit als Vollendung aus der Harmonie einer edlen Form und des höchsten Nutzwertes offenbart. Bei ihm ist die Form kein schnell vergängliches, modisches Attribut, sie ist sichtbar gewordene Fahreigenschaft, von der Sicherheit, Geschwindigkeit, Straßenlage und Verbrauch profitieren. Der elegante Schnitt der BMW-Karosserie läßt bereits ahnen, welche dynamischen Kräfte unter der Motorhaube schlummern, die dem Fahrer beides, die enorme Beschleunigung großer Sportwagen und das geschmeidige, mühelose Fahren im vierten Gang von unter 20 km/h bis zur Höchstgeschwindigkeit, ermöglichen. Alles in allem ist der BMW mit seiner eleganten, repräsentativen Linie und seiner einmaligen Achtzylindermaschine ein Wagen, der keine Wünsche offen läßt, ein Wagen der absoluten Extraklasse. Als schnellster aller Tourenwagen bewies der BMW auch in bedeutendsten internationalen Wettbewerben seine überlegene Leistung.

Die BMW-Achtzylindermotoren mit 2,6 und 3,2 Liter Hubraum nehmen in ihrer ganzen Konzeption und mit ihren Eigenschaften – Temperament, Elastizität und Laufruhe – eine Sonderstellung ein. Leichtmetall-Zylinderblock mit eingezogenen nassen Büchsen, Doppel-Fallstromvergaser, automatischer Ventilspiel-Ausgleich, automatische Öltemperaturregelung durch Wärmetauscher und weitere besondere Konstruktionsmerkmale stempeln diese Maschine zu einem der fortschrittlichsten Motoren überhaupt.

Das durch eine elastische Zwischenwelle vom Motor getrennte vollsynchronisierte Vierganggetriebe ist von größter Laufruhe und technischer Vollendung.

Vieltausendfach bewährt ist der BMW-Vollschutzrahmen, der alle Wageninsassen in voller Karosseriebreite schützt. Die beispiellos genaue Lenkgeometrie und die vorzügliche Straßenlage sind weitere Attribute der BMW-Sicherheit.

Die zeitlos elegante Ganzstahlkarosserie ist mit dem verwindungssteifen Stahlrohrrahmen verschweißt und bleibt auch nach vielen hunderttausend Kilometern stabil und geräuscharm.

Die sehr präzise Kegelradlenkung bietet den besten Kontakt zur Straße. Sie ist unbedingt stoßfrei und wird niemals „schwammig".

Hochwertig ist die auf Nadeln gelagerte Radaufhängung. In Verbindung mit der progressiv wirkenden Federung spricht sie selbst auf kleinste Bodenunebenheiten an und unterbindet die Geräuschübertragung in das Wageninnere.

Die Hinterachse gewährleistet bei allen Fahrbedingungen absolute Spurtreue, sie ist die Idealform einer Starrachse. Die konstruktive Auslegung der Vorder- und Hinterachse garantiert neigungsfreies und genaues Kurvenfahren.

Die großdimensionierten, feinfühligen Bremsen erfordern geringsten Kraftaufwand. Auf Wunsch Ausrüstung mit Scheibenbremse.

Wie die äußere Erscheinung des BMW, wertvoll und doch nicht aufdringlich, so präsentiert sich sein Innenraum. Das geschmackvolle Armaturenbrett ist in Edelholz ausgeführt. Instrumente und Bedienungshebel liegen genau im Blickfeld und Griffbereich des Fahrers. Die schaumgummigepolsterten Sitze bieten neben großer Bequemlichkeit schmiegsam festen Halt, eine wichtige Voraussetzung für ermüdungsfreies Fahren.

Drei klappbare Armlehnen verwandeln die Hintersitze in ideale Ruhesessel. Die Lehnen der Vordersitze können mit einem Griff, auch während der Fahrt, in die bequemste Stellung gebracht werden.

Je nach Wetterlage vermittelt die leicht regulierbare Heizungs- und Belüftungsanlage die gewünschte Innentemperatur.

Der verschließbare, sehr tiefe Kofferraum mit Beleuchtung hat ein großes Fassungsvermögen. Fünf große Koffer und das kleine Reisegepäck sind mühelos unterzubringen.

Innenraum des 502 mit schaumgummigepolsterten Sitzen.

Beim BMW 3,2 Liter blieben keine Wünsche offen. Die Leistung wuchs von anfangs 120 über 140 auf letztendlich 160 PS, und es gab Extras wie Servolenkung und vordere Scheibenbremsen. In seiner stärksten Version (3200 S) brachte es der „Barockengel" auf 190 km/h und galt damals als schnellster deutscher Serienwagen.

Letzte Ausführung des 502, die 2600 L und 3200 S genannt wurde, mit großer Rückleuchte aus dem Motorradprogramm.

502-Armaturenbrett mit Holzverkleidung.

Blick in den Kofferraum des 2600 L, 3200 S.

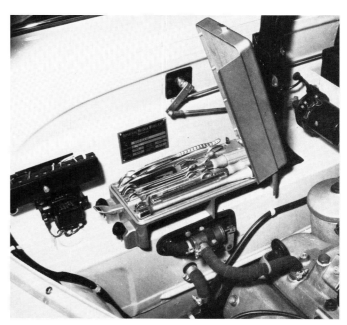

502 mit geöffnetem Werkzeugkasten. Später wurde der Werkzeugkasten in den Innenraum verlegt, weil der Platz für den Bremskraftverstärker benötigt wurde.

Innenteil eines BMW-Verkaufsprospektes: BMW hat hier die Technik der „Barockengel" für Kaufinteressenten transparent gemacht.

Völlig restaurierter 502 mit Panorama-Heckscheibe.

Die 1400-Tonnen-Presse benötigt auch bei großen Teilen nur einen Gang.

Saubere, gut beleuchtete Fertigung und Härterei.

Fließband bei BMW: Die Karosserie wird zusammengeschweißt.

Die Karosserie wird zusammengebaut, der Fahrgestell-rahmen geschweißt.

In einem Infrarot-Trockenofen wird der erste Lack gebrannt.

In der Lackiererei trägt ein oben geführtes Fördersystem die Karosserien von Bühne zu Bühne.

Früher gehörte es zum guten Ton, wenn jemand für die Erfüllung seiner automobilen Träume nur das nackte Chassis nebst Motor orderte. Den „maßgeschneiderten" Karosserieaufbau ließ man auswärts fertigen – Karosseriebaufirmen gab es mehr als genug. Doch auch nach dem Krieg waren BMW-Fahrzeuge, natürlich gegen dementsprechenden „Aufpreis", mit Sonderaufbauten und Fremdkarosserien zu haben. Vor allem das 501-Chassis mit dem anfangs angeschweißten Stahlarmaturenbrett schien vielen Firmen geradezu für Umbauten prädestiniert. Von rein optisch gelungenen, aber auch zweifelhaften Aufbauten für Coupés, Cabriolets und Repräsentationsfahrzeugen abgesehen, gab es ergänzend 501- und 502-Umbauten für den kommunalen Bereich. Vor allem bereicherten Feuerwehr-Einsatzleitwagen, Krankenwagen und Polizeifahrzeuge das damalige Straßenbild. Diesen Typen widmeten sich hauptsächlich die Firmen Binz & Co (Lorch/Württemberg) und Miesen in Bonn. Auch das Unternehmen Bierhake in Babenhausen stellte Aufbauten her: für Leichenwagen. Wir möchten uns aber in diesem Kapitel mit den „normalen" Personenwagen befassen, die sich zum größten Teil mit Karosserien von Autenrieth (Darmstadt) und Baur (Stuttgart) zeigten. Von Baur stammten unter anderem auch die 1870 ersten „Serienkarosserien" für den 501-Sechszylinder.

502 Coupé, 2,6 Liter, 100 PS, auf Wunsch gab es echte Lederbezüge.

Daß man auf einem Chassis, konzipiert für eine schwere viertürige Limousine, auch ein flottes zweitüriges Coupé aufbauen kann, bewies Baur mit dieser Coupé-Karosserie für den 501/502. Die Zentralverschlüsse an den Rädern sind allerdings Attrappen.

Hauptsächlich besorgten Firmen wie Baur und Autenrieth die Cabrio-Umbauten, die mit Sonderzubehör wie
beispielsweise Drahtspeichen-Radkappen oder Voll-
leder-Ausstattung einen 501 schnell zum Traumwagen
werden ließen. Dieser Traum kostete dann allerdings
1955 gut 21.000 DM.

Die beiden Abbildungen links zeigen viertürige Baur-Cabrios, wie sie 1954 und 1955 gebaut wurden. Oben rechts: Viertürige 502-Staatskarosse, gebaut für den ehemaligen algerischen Staatspräsidenten Ben Bella, mit Sirene und Standartenhalter. Innen ist die Haltestange zu sehen, an der sich Staatsgäste während offener Fahrt stehend festhalten konnten. Beschriftung des Kennzeichens: Presidence 1. Unten rechts ist der Einstieg eines 502 Cabrios abgebildet, bei dem deutlich sichtbar wird, daß hier fünf Personen bequem Platz finden. Unten: BMW 502 Bentler-Coupé von 1962.

Die 1921 gegründete Karosseriefabrik Autenrieth, Darmstadt, die früher Aufbauten für Audi und NSU anfertigte, machte in den fünfziger Jahren durch außergewöhnliche Cabrios auf BMW-V8-Basis auf sich aufmerksam. Oben: 502-Cabriolet von 1955 mit Panorama-Windschutzscheibe. Rechts: Karosserie Koblenz mit Reserverad auf Kofferraum. Darunter: Karosserie Freiburg von 1957/58. Unten links: Coupé von 1952. Ganz unten: 502-Cabriolet von 1955.

Dieses 1956 auf Basis 502 (3,2-Liter-Motor, 140 PS) gefertigte Autenrieth-Cabriolet in Pontonform wurde damals mit Knüppelschaltung und braunem Lederinterieur an die Firma Tempo-Müller, München, ausgeliefert. Sein jetziger Besitzer hat diese Rarität vor Jahren von Grund auf original und authentisch restauriert.

Im BMW-Werk gebautes Einzelstück: BMW 3200 S als Staatskarosse, Baujahr 1963. Motor, Radstand und Chassis wurden unverändert von den Serienfahrzeugen übernommen. Der Wagen mit seinem großen, über den Fondsitzen plazierten Schiebedach wurde bei Staatsempfängen eingesetzt. Man beachte die hinteren Türen, die diesmal vorn angeschlagen sind, die kantige Dachlinie und die wesentlich größeren Nebelscheinwerfer.

Gegenüber der Serie zeigte sich dieses Einzelstück mit vollkommen modifizierter Heckpartie. Die Heckleuchten wurden vom 305 übernommen, eine breite Chromleiste am Auslauf des Kofferraumdeckels fängt gekonnt die Linienführung der hinteren Kotflügel ab.

Auf Basis 501 und 502 entstanden bei spezialisierten Karosseriebaufirmen Sonderaufbauten für kommunale Zwecke. Die Palette reichte von Polizeifahrzeugen über Feuerwehr-Einsatzleitwagen bis hin zu Krankenwagen – hier ein Umbau der Firma Miesen.

Der „Barockengel" als Bestattungswagen. Umbau vermutlich von Bierhake in Babenhausen bei Bielefeld.

Technische Daten BMW 501 und BMW 502 (V8-Modelle mit 2,6-Liter-Motor)

BMW 501 Achtzylinder
BMW 2,6 (ab 1958)
BMW 2600 (ab 1961)

BMW 502
BMW 2,6 Luxus (ab 1958)
BMW 2600 L (ab 1961)

Motor:
V8-Zylinder (90°)

V8-Zylinder (90°)

Bohrung/Hub:
74/75 mm

74/75 mm

Hubraum:
2580 ccm

2580 ccm

Verdichtung:
7,0:1

7,5:1

Leistung:
95 PS bei 4800 U/min
100 PS bei 4800 U/min (2600)

100 PS bei 4800 U/min
110 PS bei 4900 U/min (2600 L)

max. Drehmoment:
18,0 mkg bei 2500 U/min
18,5 mkg bei 2500 U/min (2600)

18,4 mkg bei 2500 U/min
18,6 mkg bei 3000 U/min (2600 L)

Motorkonstruktion: Leichtmetallblock; nasse Zylinderlaufbüchsen; hängend angeordnete Ventile; Ventilsteuerung durch Stoßstangen und Kipphebel; durch Duplexkette angetriebene zentrale Nockenwelle; fünffach gelagerte Kurbelwelle; Wasserkühlung (10 Liter – Pumpe) – elektrische Anlage: 12 Volt, 160 Watt, Schmierung: Öl, 6,5 Liter, Druckumlauf – Verbrauch: 12,5 bis 14,5 Liter Super/ 100 km

1 Doppelfallstromvergaser
Solex 30 PAAJ
(ab 1957: Zenith 32 NDIX)

1 Doppelfallstromvergaser
Zenith 32 NDIX

Kraftübertragung: Einscheiben-Trockenkupplung; Vierganggetriebe getrennt vom Motorblock unter Vordersitzen plaziert; Lenkradschaltung (auf Wunsch Knüppelschaltung); Hinterachsantrieb – Übersetzung: 4,225:1

Übersetzungen Vierganggetriebe: (Werte für Typen 2600 und 2600 L in Klammern)
1. Gang 3,78:1 (3,71)
2. Gang 2,35:1 (2,27)
3. Gang 1,49:1 (1,49)
4. Gang 1,00:1 (1,00)
Rückwärtsgang: 5,38:1

Fahrwerk, Aufhängung: Vollschutzrahmen aus Kasten-Längs- und Rohr-Querträgern mit Boden der Karosserie verschweißt; hinten Starrachse mit Dreieck-Schublenker und Längs-Federstäbe; vorn Doppelquerlenker und Längs-Federstäbe; hydraulische Fußbremse Trommel ∅ 284 mm, Bremsfläche 1050 cm² (ab 1959 für 501 und 502 auf Wunsch servounterstützt, ab 1960 für beide Modelle vordere Scheibenbremsen mit 267 mm ∅ als Extra); bei den Typen 2600 und 2600 L serienmäßig vordere Scheibenbremsen; Lenkung: Kegelrad, Übersetzung 16,5:1, 3,5 Lenkradumdrehungen

Abmessungen: Radstand: 2835 mm – Spur vorn: 1330 mm – Spur hinten: 1416 mm – Gesamtlänge: 4730 mm – Breite: 1780 mm – Höhe: 1530 mm – Wendekreis: 12 Meter – Wagengewicht: 1440 kg (501: 1430 kg) – zul. Gesamtgewicht: 1900 kg – Reifen: 6.40 S 15 L – Felgen: 4,5 K x 15

Höchstgeschwindigkeit:
160 km/h
162 km/h (Typ 2600)

160 km/h
165 km/h (Typ 2600 L)

Beschleunigung von 0 auf 100 km/h:
17,5 sek. (Typ 2600 L = 17 sek.)

Preise:
1955: 13.950 DM (501)
1958: 13.450 DM (2,6)
1961: 16.240 DM (2600)

1954: 17.800 DM (502)
1958: 16.450 DM (2,6 Luxus)
1961: 18.240 DM (2600 L)

Produktion: alle V8-Modelle mit 2,6-Liter-Motor: 9109 Stück

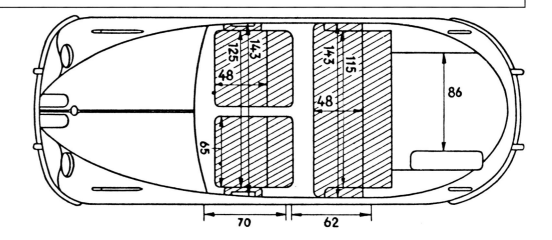

Technische Daten BMW 502
(V8-Modelle mit 3,2-Liter-Motor)

BMW 502 – 3,2 Liter
BMW 3,2 (ab 1958)
BMW 3200 L (ab 1961)

BMW 502 – 3,2 Liter Super
BMW 3200 S (ab 1961)

Motor:
V8-Zylinder (90°)

V8-Zylinder (90°)

Bohrung/Hub:
82/75 mm

82/75 mm

Hubraum:
3168 ccm

3168 ccm

Verdichtung:
7,2:1 (3200 L = 9:1)

7,3:1 (3200 S = 9:1)

Leistung:
120 PS bei 4800 U/min
140 PS bei 5400 U/min (3200 L)

140 PS bei 4800 U/min
160 PS bei 5600 U/min (3200 S)

max. Drehmoment:
21,4 mkg bei 2500 U/min
24,2 mkg bei 3000 U/min
(3200 L)

22,0 mkg bei 3800 U/min
24,5 mkg bei 3600 U/min
(3200 S)

Motorkonstruktion: Leichtmetallblock; nasse Zylinderlaufbüchsen; hängend angeordnete Ventile; Ventilsteuerung durch Stoßstangen und Kipphebel; durch Duplexkette angetriebene zentrale Nockenwelle; fünffach gelagerte Kurbelwelle; Wasserkühlung (10 Liter – Pumpe) – elektrische Anlage: 12 Volt, 160 Watt (Typen 3,2 Liter Super und 3200 S = 200 Watt) – Schmierung: Öl, 6,5 Liter, Druckumlauf – Verbrauch: 15 bis 16 Liter Super/100 km

1 Doppelfallstromvergaser
Zenith 32 NDIX
(bzw. 36 NDIX für Typ 3200 L)

2 Doppelfallstromvergaser
Zenith 32 NDIX
(bzw. 36 NDIX für Typ 3200 S)

Kraftübertragung: Einscheiben-Trockenkupplung; Vierganggetriebe getrennt vom Motorblock unter Vordersitzen plaziert; Lenkradschaltung (ab Februar 1963 Getriebe direkt an Motorblock angeflanscht und Knüppelschaltung oder weiterhin Lenkradschaltung); Hinterachsantrieb – Übersetzung: 3,9:1 (bei 3,2 Liter Super wahlweise 3,89:1)

Übersetzungen Vierganggetriebe:
1. Gang 3,78:1 (ab 1960 = 3,71:1)
2. Gang 2,35:1 (ab 1960 = 2,27:1)
3. Gang 1,49:1 (ab 1960 = 1,49:1)
4. Gang 1,00:1 (ab 1960 = 1,00:1)
Rückwärtsgang: 5,38 : 1

Fahrwerk, Aufhängung: Vollschutzrahmen aus Kasten-Längs- und Rohr-Querträgern mit Boden der Karosserie verschweißt; hinten Starrachse mit Dreieck-Schublenker und Längs-Federstäbe; vorn Doppelquerlenker und Längs-Federstäbe; hydraulische Fußbremse Trommel ⌀ 284 mm, Bremsfläche 1256 cm² (ab 1959 serienmäßig servounterstützte vordere Scheibenbremsen mit 267 mm ⌀) – Lenkung: Kegelrad, Übersetzung 16,5:1, 3,5 Lenkradumdrehungen

Abmessungen: Radstand: 2835 mm – Spur vorn: 1330 mm – Spur hinten: 1416 mm – Gesamtlänge: 4730 mm – Breite: 1780 mm – Höhe: 1530 mm – Wendekreis: 12 Meter – Wagengewicht: 1470 kg bis 1500 kg – zul. Gesamtgewicht: 1900 kg bis 2000 kg; – Reifen: 6.40 S 15 L (ab 1959: 6,50/6,70 H 15 L) – Felgen: 4,5 K x 15

Höchstgeschwindigkeit:
170 km/h
175 km/h (Typ 3200 L)

175 km/h
190 km/h (Typ 3200 S)

Beschleunigung von 0 auf 100 km/h:
15,0 sek.
14,0 sek. (Typ 3200 L)

14,5 sek.
14,0 sek. (Typ 3200 S)

Preise:
1955: 17.850 DM (3,2 Liter)
1958: 17.850 DM (3,2)
1961: 19.640 DM (3200 L)

1957: 19.770 DM
(3,2 Liter Super)
1961: 21.240 DM (3200 S)

Produktion:
BMW 502 – 3,2 Liter und
BMW 3,2: 2582 Stück
BMW 3200 L: 416 Stück

BMW 502 – 3,2 Liter Super:
1027 Stück
BMW 3200 S: 1158 Stück

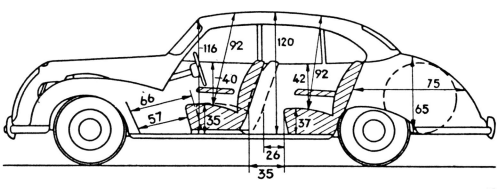

BMW 505

Achtung: „Sperrfrist bis 21. September 1955 einschließlich!" So stand es unübersehbar auf der BMW-Pressemitteilung zur 37. Internationalen Automobil-Ausstellung. Die Bayerische Motoren Werke AG zeigte auf ihrem Ausstellungsstand Nr. 63 in Halle I b neben den bisherigen Wagentypen das um verschiedene Neuschöpfungen erheblich erweiterte Fabrikationsprogramm 1955/56. Als Überraschung brachte das Münchener Werk ein um 200 mm verlängertes Fahrgestell des normalen V8 mit. Für Aufbauten von Spezialkarosserien konzipiert, sollte nun ein luxuriöser, schneller Reisewagen entstehen: der BMW 505, ein Gegenstück zu jenen Fahrzeugen mit dem „guten Stern".

Das verlängerte Fahrgestell entsprach im allgemeinen dem der übrigen BMW-Typen, mit dem daraus resultierenden größeren Radstand bot es allerdings beste Voraussetzungen zum Aufbau einer Pullmann-Limousine. Der Aufbau des gezeigten Prototyps war eine Spezialanfertigung der Firma Ghia-Aigle (Schweiz). Die Karosserie bestand zum größten Teil aus hochwertigem Stahlblech, aber um Gewicht zu sparen, fertigte man Motorhaube und Kofferraumdeckel aus Aluminium. Der repräsentativen Einzelanfertigung des Sechssitzers angemessen gab es natürlich eine extrem reichhaltige Ausstattung, u. a.

elektrohydraulische Fensterbetätigung einschließlich der Zwischenwandscheibe, die Fahrer- und Fahrgastraum trennte. Für Armaturentafel und Türleisten wurde Edelholz verarbeitet. Die Windschutzscheibe mit ihren extrem zurückgesetzten Pfosten konnte als echte Panoramascheibe bezeichnet werden, die einen voll umfassenden Blickwinkel gab. Ausklappbare Armstützen im Fond und für den Fahrer in Sitzmitte sollten lange Fahrten so bequem wie möglich machen. Deshalb wurden die Rücksitze auch clubsesselartig ausgebildet und mit verstellbaren Kopfstützen versehen. Für die Polsterung der Sitze fand hochwertiger Mohair-Stoff Verwendung. Im Fond befanden sich eine elektrische Sprechanlage für die Verbindung zum Fahrerraum, eine zweite Lautsprecheranlage sowie die Radio-Fernbedienung. In die Mittelwand wurde ein Edelholzschränkchen integriert, rechts und links davon befanden sich Ablegefächer sowie Schreibplatten und Leselampen. Bemerkenswert waren auch die Einstiegleuchten für die hinteren Türen sowie die vergrößerte, lichtstarke Deckenleuchte und die zusätzliche Fondheizung der Belüftungs- und Heizungsanlage mit großem Gebläse einschließlich Wärmeaustauscher. Der Kofferraum ließ sich durch seine kastenförmige Anordnung in vollem Ausmaß nutzen. Sämtliche Türschlösser besaßen im Griff eine eingebaute Druckknopfbetäti-

Nur das Emblem auf dem Kofferraumdeckel gibt in dieser Perspektive über die Marke Auskunft. Die 505-Pullmann-Limousine mit großzügiger Verglasung basiert auf einem verlängerten Fahrgestell.

Die BMW-Niere ist geblieben, aber die Form der Scheinwerfer, Heckleuchten und jeweils vorn angeschlagene Türen geben dem Repräsentationswagen seinen unverkennbaren Charakter.

gung. Zwei eingebaute Rückfahrscheinwerfer vervollständigten in Verbindung mit den Blinkleuchten, die vorn mit dem Standlicht gekoppelt waren, die Luxusausstattung dieser Sonderkarosserie. Eines ist sicher: Dieser Wagen, in dem man sich chauffieren läßt, war geradezu für Regierungskreise prädestiniert. Doch Dr. Konrad Adenauer entschied sich entgegen aller Erwartungen für den schwäbischen Konkurrenten, den Mercedes 300. Der BMW 505 ging nicht in Serie, es blieb bei diesem einen Ausstellungsstück, das man nur ganz selten in der Öffentlichkeit sah. Gelegentlich lieh BMW den Nobelwagen an Staatsbehörden aus. Zwar wurde noch ein 505 gebaut, doch er verschwand sofort nach Fertigstellung in den Werksgaragen. BMW verkaufte 1963 den ersten 505, der in seiner weiteren Nutzung in den sechziger und siebziger Jahren als rollender Werbeträger für Kartoffelchips eingesetzt wurde.

Auszug aus dem „Spiegel", Ausgabe 48/1958, zur „Kanzler-Karosserie", die beinahe BMW 505 geheißen hätte:

„... dem Kanzler nämlich – und seinem früheren Referenten, dem Ministerialrat Hans Kilb – ist es zu verdanken, daß die Autofirma Daimler-Benz AG ihr repräsentatives Fahrzeugmuster, den Mercedes 300, seit Anfang dieses Jahres mit einer längeren und breiteren Karosserie als vorher verkauft ...

... die Dienste des Mercedes-Liebhabers Kilb nahmen sie (die Direktoren der Daimler-Benz AG) erstmals in Anspruch, als Gefahr drohte, daß Konrad Adenauer den Mercedes 300 ab- und statt seiner einen BMW 505 anschaffen würde. Adenauer war mit den ersten Ausführungen des Mercedes 300 von Anfang an nicht sonderlich zufrieden gewesen. Er wünschte einen größeren Innenraum, um seine langen Beine bequemer unterbringen zu können, und eine Trennwand zwischen Fahrersitz und Fond ...

... Referent Kilb trug des Kanzlers Wünsche dem Daimler-Direktor Staelin vor – für Inlandsverkauf, Werbung und Behördenkontakte zuständig –, der dem Kanzlerreferenten die Leihwagen lieferte. Staelin schickte Konstruktionszeichnungen für einen verlängerten Mercedes 300, schrieb jedoch, Kilb möge dem Kanzler die kostspieligen Neubaupläne ausreden. Die Verhandlungen verliefen freundlich, aber ergebnislos, bis sich BMW in den Wettbewerb um einen bequemeren Kanzlerwagen einschaltete.

Die Bayerischen Motorenwerke (BMW) waren inzwischen dahintergekommen, daß der Mercedes 300 dem Kanzler nicht genügte. Ziemlich rasch hatten die BMW-Konstrukteure einen Luxuswagen entwickelt, die Pullman-Limousine BMW 505, deren Karosserie immerhin anderthalb Zentimeter länger als die des Mercedes war.

Wenn Adenauer, so hatten die BMW-Direktoren kalkuliert, diesen Wagen wählte, würden sich so viele Nachahmer finden, daß eine Serienproduktion lohne. Der BMW-Vorstand schickte den Kaufmann Joachim Brennecke ins Bundeskanzleramt, und zwar zu Kilb ...

... Doch Brennecke hatte Mühe, mit Kilb einen Vorführtermin für den BMW 505 zu vereinbaren. Der Kanzlerreferent zeigte sich uninteressiert und zögerte die Sache hinaus. Schließlich einigte man sich auf Ende November 1955, einen Termin, zu dem der Daimler-Direktor Staelin von der drohenden BMW-Gefahr bereits Wind bekommen hatte, freilich nicht durch Kilb, sondern durch den Spiegel (45/1955) ...

... Unverzüglich bat Spiegel-Leser Staelin den Mercedes-Fahrer Kilb, dem Kanzler von dem Kauf eines BMW-Wagens abzuraten, da das Daimler-Werk inzwischen keine Kosten gescheut habe, um den Mercedes 300 mit verlängertem Fahrgestell und verlängerter Karosserie auszustatten. Der BMW 505 wurde trotzdem vorgeführt. Kanzlerfahrer Klockner lenkte, Kanzlerreferent Kilb saß im Fond. Während Klockner hinterher Motorleistung und Straßenlage des Wagens rühmte, bemängelte Kilb, der BMW fahre zu laut. BMW-Vertreter Brennecke versprach, dieser Mangel werde behoben, und vereinbarte mit Kilb eine zweite Probefahrt. Bevor es dazu kam, empfahl Kilb dem Kanzler, einen neuen Mercedes 300 zu kaufen. Außerdem sagte er dem Daimler-Direktor Staelin am Telefon, Adenauer habe sich für den Mercedes entschieden. Tatsächlich aber traf der Kanzler erst seine Entscheidung nach der zweiten Probefahrt mit dem BMW 505, die Klockner und Kilb am 17. Januar 1956 absolvierten. Als Adenauer am 18. Januar seinen Fahrer fragte, wie er den BMW beurteile, antwortete Klockner, der Wagen sei zwar sehr leistungsfähig, da man aber nicht wissen könne, ob bei dieser unerprobten Neukonstruktion mit der Zeit nicht doch Fehler auftreten würden, sollte man lieber bei dem bewährten Mercedes bleiben. Der Kanzler folgte dem Rat seiner Begleiter ...

... Die Bayerischen Motorenwerke dagegen fühlten sich ohne einen werbewirksamen Auftrag des Kanzlers nicht stark genug, den BMW 505 in Serie zu produzieren. BMW ließ das Projekt fallen ..."

Großer Auftritt für den 505: Der italienische Ministerpräsident 1956 zu Besuch in München.

Von der Ausstattung her hatte die Staatskarosse viel zu bieten: Die Trennscheibe (ganz links im Bild knapp zu sehen) verfügte, ebenso die Seitenfenster, über elektrohydraulische Heber. Es gab eine Sprechanlage, über die sich Fahrer und Passagiere unterhalten konnten, Getränkebar, Schreibplatte mit Beleuchtung, Radio mit Fernbedienung, klubsesselähnliche Rücksitze. Selbstverständlich wurden Edelhölzer und hochwertige Stoffe verarbeitet.

Technische Daten BMW 505

Motor: V8-Zylinder (90°) – Bohrung/Hub: 82/75 mm – Hubraum: 3168 ccm – Verdichtung: 7,2:1 – Leistung: 120 PS bei 4800 U/min. – max. Drehmoment: 21,4 DIN-mkg bei 2500 U/min.

Motorkonstruktion: Leichtmetallblock, nasse Zylinderlaufbuchsen, Ventile hängend angeordnet (Stoßstangen und Kipphebel), durch Kette angetriebene zentrale Nockenwelle, fünffach gelagerte Kurbelwelle – ein Doppelfallstromvergaser Typ Zenith 32 NDIX – elektrische Anlage: 12 Volt, 160 Watt – Wasserkühlung (10-Liter-Pumpe) – Schmierung: Öl, 6,5 Liter, Druckumlauf

Kraftübertragung: Einscheiben-Trockenkupplung, sperrsynchronisiertes Vierganggetriebe, Hinterachsantrieb, Übersetzung 3,90:1; Getriebe vom Motorblock getrennt unter den Sitzen angeordnet; Lenkradschaltung – Übersetzungen: 1. Gang 3,78:1; 2. Gang 2,35:1; 3. Gang 1,49:1; 4. Gang 1,00:1; Rückwärtsgang 5,38:1

Fahrwerk, Aufhängung: Kastenprofilrahmen mit Längs- und Rohrquerträgern; Vorderradaufhängung doppelte Dreieckquerlenker, hintere Starrachse mit Dreieckschublenker; vorn und hinten einstellbare Drehstabfedern und Teleskopstoßdämpfer – Hydraulische Fußbremse (Vierrad-Trommel) mit Bremsservo, Trommel-Ø 284 mm, Bremsfläche 1300 cm², Belagbreite 60 mm – Lenkung mit Kegelzahnrädern, Übersetzung 16,5:1 – Tankinhalt: 85 Liter – Reifen: 6.70-15 – Felgen: 4,50 K x 15

Abmessungen: Radstand: 3035 mm – Spur vorn: 1343 mm – Spur hinten: 1429 mm – Gesamtlänge: 5070 mm – Breite: 1825 mm – Höhe: 1630 mm – Wendekreis: 12 m – Wagengewicht: 1800 kg – Höchstgeschwindigkeit: ca. 150 km/h – Verbrauch: ca. 18 Liter Super/100 km

Produktion: 2 Stück

BMW 503

BMWs 1954 angestellte Überlegungen, einen Sportwagen mit Sechszylinderaggregat zu bauen, führten nicht nur zu der Entscheidung, daß das Konzept zugunsten des bewährten V8-Motors verworfen wurde, sondern parallel dazu trug man den Gedanken, auch ein luxuriöses größeres Sport-Coupé zu entwerfen. Aufsichtsratsvorsitzender Kurt Donath war zwar der Meinung, noch teurere Autos als die „Barockengel" würden absolut keine Marktstellung erreichen, doch Maximilian Hoffmanns Argumente, mit diesen Wagen den amerikanischen Markt zu erobern, überzeugten ihn schließlich. So blieb es nicht nur bei dem Graf-Goertz-Entwurf des rassigen Sport-Cabriolets vom Typ 507. Goertz skizzierte neben dem „nierenlosen" 507 einen weiteren, ebenfalls zweitürigen Wagen mit pontonförmiger Karosserie und der traditionellen BMW-Niere am Bug.

Während in der Münchener Versuchsabteilung der erste 507 entstand, fertigte die Firma Baur in Stuttgart die Karosserie für das große Sport-Coupé, das unter der Typenbezeichnung BMW 503 auf der Internationalen Frankfurter Automobilausstellung 1955 debütierte. Doch nicht nur als schmucker 2+2-Sitzer, auch als flotte Cabrio-Version präsentierte sich der Neuling dem Publikum. Der Breitbandtacho der Prototypen mußte in der Serie klassischen Rundinstrumenten weichen. Ebenso modifizierte man die gezogene Tiefziehstahlkarosserie mit aus Aluminium gefertigtem Kofferraumdeckel und Motorhaube. In der Serie wurde der Aufbau durch eine gewichtssparende Voll-Leichtmetallkarosserie ersetzt. Weiterhin entfielen beim Produktionsanlauf des 503, dessen Chassis und Motor mit dem der 3,2-Liter-Limousinen identisch waren, die Türtaschen. Sie öffneten sich selbständig, sobald die Türen aufgezogen wurden, erwiesen sich aber als teures und unpraktisches Detail. Was blieb, war die erstmals an einem deutschen Automobil interessante Konstruktion des Fensterhebermechanismus: Alle vier Seitenfenster des Coupés ließen sich elektrohydraulisch voll versenken und schließen. Auf gleicher Technik basierend, ließ sich beim 503-Cabrio das Verdeck öffnen. Bösen Überraschungen vorbeugend, ließ sich der Mechanismus aber auch manuell betätigen. Egal, ob offenes Cabrio oder geschlossenes Coupé, der Wagen bot mit vollversenkbarer B-Säule, seitlichen Ausstellfenstern und großzügiger Panoramaverglasung eine perfekte Rundumsicht.

Interessant zu wissen, daß die 503- und 507-Typen innerhalb 18 Monaten entwickelt wurden – BMW versuchte mit allen Mitteln, den Vorsprung anderer Firmen aufzuholen. Der erste 503 wurde im Mai 1956 ausgeliefert, ein halbes Jahr später rollte das Modell 507 aus den Produktionshallen.

Anläßlich der 503-Präsentation gab BMW im September 1955 folgende Pressemitteilung heraus, wobei zu beach-

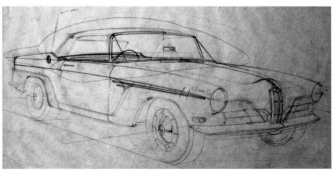

Der deutsche Designer Albrecht Graf Goertz wanderte 1933 nach Amerika aus, ließ sich schließlich in Kalifornien nieder und arbeitete jahrelang mit Raymond Loewy zusammen, bevor er 1952 sein eigenes Studio eröffnete. Goertz, schon immer für Autos zu begeistern, entwarf neben dem BMW 507 auch den BMW 503. Die beiden Zeichnungen zeigen Auszüge aus seinen Skizzenbüchern. Ideen, die er auf Pergamin festhielt und auf denen später das gar nicht mehr weit vom Original entfernte Desgin für den 503 basierte.

ten ist, daß der Wortlaut auf die gezeigten Prototypen zugeschnitten war:

Das BMW 503 Cabriolet und Coupé sind weitere Neuschöpfungen des Münchener Werkes. Mit diesem Wagentyp knüpft BMW ebenfalls an eine langjährige Tradition an; denn noch heute gilt der frühere BMW 327, insbesondere das Coupé, als formschöner und außerordentlich beliebter Wagen. Beide Wagen besitzen als Kraftquelle den 3,2-Liter V-Achtzylindermotor von 140 PS mit einem max. Drehmoment von 22,6 mkg.

Cabriolet und Coupé sind 2/2-sitzig. Das vollsynchronisierte Viergang-Getriebe ist wie bei den bisherigen BMW Wagen durch eine kurze Zwischenwelle vom Motor getrennt unter den Vordersitzen angeordnet. Die Spitze dieser eleganten und repräsentativen, eine neue Form und Linie aufweisenden BMW Wagen liegt bei 190 km/h. Aus der neuen Formgebung dieser Karosserie darf allerdings nicht geschlossen werden, daß BMW die äußere Form der Typen 501 und 502 verläßt. Die Karosserie ist aus hochwertigem Tiefziehstahlblech gefertigt. Die gegen die Fahrtrichtung aufklappbare Motorhaube ist aus Leichtmetall, desgleichen der Kofferraumdeckel. Ein breiter, hochliegender Lufteinlaßschlitz vor der gewölbten, großflächigen Windschutzscheibe sorgt für gefilterte Frisch luftzufuhr zum Wageninneren.

Durch das Zurückversetzen der seitlichen Pfosten bietet die Windschutzscheibe einen erheblich vergrößerten Sichtwinkel. Die Belüftungsfenster sind in zwei Ebenen schwenkbar, so daß dem Wunsch entsprechend jeweils nur von vorn bzw. hinten belüftet oder das gesamte Fenster seitlich nach oben ausgeschwenkt werden kann. Diese neuartige Fensterkonstruktion gestattet die Anpassung an alle gegebenen Wetterverhältnisse.

503 Styling-Modell; man beachte den Kühlergrill, die Heckleuchten und die kurze hintere Stoßstange.

503 Coupé in Hardtop-Ausführung; Prototyp mit besonders breiten Weißwandreifen, Schmetterling-Scheibenwischern, kurzen Scheinwerferringen und in die Nebellampen integrierten Blinkern.

Eine außerordentliche Neuerung stellt die elektro-hydraulische Betätigung des voll versenkbaren Verdecks und der Türscheiben beim Cabriolet dar. Unabhängig von der Automatik ist aber die übliche Betätigung des Verdecks mit der Hand möglich. Auch bei langsamer Fahrt kann das Öffnen und Schließen des Verdecks durch Knopfbedienung auf elektro-hydraulischem Wege erfolgen. Das BMW 503 Coupé besitzt die gleiche Automatik für die elektro-hydraulische Betätigung der Tür- und Fondscheiben. Auf Wunsch sind farbige Fenstergläser lieferbar.

Geschmackvoll wie die Gesamtausstattung ist auch die Armaturentafel mit dem Geschwindigkeitsmesser in Horizontalanzeige. Beim Betätigen eines Druckknopfes klappt der Handschuhkasten aus der Armaturentafel voll heraus und erleichtert die Zugänglichkeit.

Die sehr wirksame Belüftungs- und Heizungsanlage besteht aus einem starken Gebläse mit 250 mm Durchmesser und einem großen Wärmeaustauscher. Der im Wagenheck angeordnete Kraftstoffbehälter faßt 75 Liter. Nebelscheinwerfer sind serienmäßig eingebaut, und die Brems- und Rücklicht-Anlage, in einem Aggregat zusammengefaßt, ist waagerecht angebracht. Den besonderen Festigkeits-Ansprüchen des Cabriolets und Coupés entsprechend wurde der BMW Vollschutzrahmen zusätzlich verstärkt, um absolute Verwindungssteifheit zu gewährleisten.
Beim 503 Coupé kann auf Wunsch ein Metallschiebedach über den Vordersitzen eingebaut werden, eine Möglichkeit, die den vielfältigen Komfort dieses formschönen Wagens weiter steigert.

Die Fachpresse ließ dem 503 eigentlich nur immer Lob angedeihen, und aus welchen Gründen auch immer, niemand kritisierte einen wichtigen Punkt der passiven Sicherheit: Der Tank, der bei den Limousinen über der Hinterachse lag, wanderte in den aufprallgefährdeten Bereich vor der Achse. Vielleicht überwogen die für den BMW neuartigen Karosserielinien, die gewisse Atmosphäre und Souveränität ausstrahlten. Oder seine Portion Sportlichkeit, die der Blick auf den Tacho verriet. Er reichte bis 240 km/h, die Anzeige des Tourenzählers bis 6.000 U/min. (der rote Bereich begann bei 5.750 U/min.). Besonders bemerkenswert fanden Tester die Laufruhe der Maschine. Stark genug für einen kräftigen Spurt, aber elastisch genug, um im vierten Gang bei Tempo 40 mit 1.250 U/min. dahinzugleiten. Die ersten Modelle wurden noch mittels Lenkradschaltung geschaltet, bei ihnen wurde das Getriebe vom Motor weg gegen die Mitte des Fahrzeuges (unter den Vordersitzen) plaziert. Ab September 1957 flanschte BMW das ZF-Getriebe vom Typ S4-15 direkt an den Motorblock an und stattete die Wagen mit Knüppelschaltung aus. Übrigens fand man im Programm der lieferbaren Sonderausstattungen neben einem Kupplomat auch ein sportlich abgestuftes Vierganggetriebe, durch dessen längeren ersten Gang eine engere Abstufung der höheren Gänge erreicht wurde.

Vom Getriebe ging der Kraftfluß über Kardanwelle und deren nadelgelagerte Gelenke auf die starre Hinterachse, die BMW-üblich an einem Dreiecklenker mit vollelastischem Gelenkpunkt am Differential aufgehängt und geführt wurde. Bekanntlich griffen Kurbellenker an der Achse an, die auf lange einstellbare Torsionsstäbe als Federelemente arbeiteten. Die vordere Radaufhängung

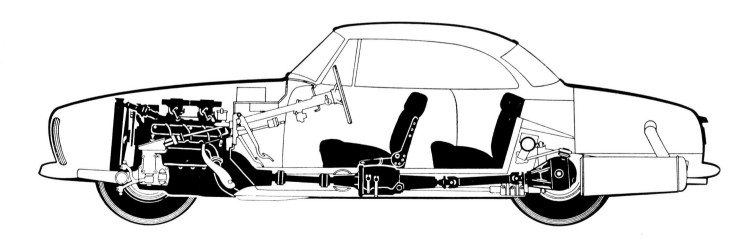

BMW bot den Typ 503 in zwei Versionen an: als Coupé und Cabrio. Obwohl beide Modelle, verglichen mit dem sportlichen 507, eher zurückhaltend und einfach aussahen, kosteten sie in ihrer Anschaffung fast 3000 DM mehr als der zweisitzige Sportroadster.

503-Technik im Schnitt: Bis September 1957 positionierte man das Getriebe unter den Vordersitzen und stattete die Wagen mit Lenkradschaltung aus. Erst in der zweiten Serie wurde das Getriebe mit dem Motor verblockt, eine Knüppelschaltung verlieh dem Interieur des 503 sportlichen Charakter.

wurde an Trapezdreiecklenkern durchgeführt, die ebenfalls auf zwei lange einstellbare Torsionsstäbe einwirkten.

Im Zuge der Modellpflege überarbeitete BMW auch die Karosserie. Die ersten Wagen besaßen hinten seitlich nach oben abknickende Zierleisten, später wurde auf den Zierat verzichtet, was stehen blieb, war die schmucklose Sicke. Sie verschwand erst bei den letzten Versionen, die sich an den bis zu den Kotflügelenden durchgehenden Zierleisten erkennen lassen. Nicht nur im Äußeren, auch im Interieur galt der 503 als sauber gearbeitetes Fahrzeug. Die vorbildliche Sitzposition vermittelte eine gute Sicht nach außen, allerdings kritisierte man die Lage der Pedale: Im BMW 507 wünschten Tester einen engeren Abstand zueinander, hier fanden sie ihn, aber durch die etwas nach links verlagerte Plazierung galt auch diese Auslegung als gewöhnungsbedürftig. Wer übrigens bei späteren Modellen den Aschenbecher suchte, der fand ihn gut versteckt in den zweiteiligen, nach links aufklappbaren Lautsprechergittern.

Wie beim 507 (26.500 DM), war sich BMW bewußt, mit diesem noch 3.000 DM teureren Modell 503 einen kleinen, betuchten Käuferkreis anzusprechen. Zu jener Elite zählte eine ganze Reihe Persönlichkeiten: die Filmschauspielerin Sonja Ziemann; Werner Friedmann, Chefredakteur der Süddeutschen Zeitung; Hans Glas von den „Goggomobil-Werken"; Graf Faber Castell; Direktor Neumeyer von den Zündapp-Werken; Chefs des Hertie-Kaufhauses in Berlin; der Bielefelder Fabrikant Dr. Rudolf Oetker; Fürst zu Thurn und Taxis; Herr Schickedanz vom Quelle-Versandhaus und viele andere. Doch wie alle Luxuswagen, mußten sich auch 503 und 507 den Markt mit Mitbewerbern teilen. Schließlich standen noch Mercedes Benz 300 SL, Jaguar XK 150 und Lancia Flaminia als Alternative zur Verfügung. Als weiterer Wermutstropfen für die 1959 eingestellten Modelle zählte auch die Tatsache, daß der erhoffte Imagegewinn und die für die „Barockengel" erwarteten höheren Verkaufszahlen ausblieben.

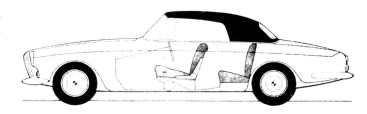

In der Seitenansicht: Sitzplatzverteilung im BMW 503 Cabriolet – in der Aufsicht werden die solide Konstruktion des Chassis und die Verteilung aller technischen Aggregate sichtbar.

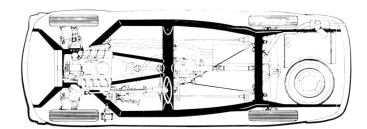

Heckansicht: Die relativ niedrig gehaltene Kante des 503-Kofferraums ermöglicht bequemes Zuladen. Weit in den Kofferraum hineinragende Radkästen schmälern allerdings sein Volumen – das Reserverad befindet sich unter der Abdeckplatte.

Oben: 503 Cabrio und Coupé aus Serie 1 (Zierleiste hinten hoch). Unten: 503 Cabrio als Exportausführung mit zusätzlicher kleiner Lampe zwischen Nebelleuchte und Blinker.

BMWs flottes Sportcoupé 503: Mit dem grünen Wagen wird in einem aufwendigen Prospekt geworben; das rote original restaurierte Coupé in zeitgemäßer Zweifarbenlakkierung zählt heute wie damals zu den Raritäten auf den Straßen. Als Cabriolet mit fast voll versenkbarem Verdeck bot es in den fünfziger Jahren die wohl bequemste, aber auch fast teuerste Möglichkeit des Offenfahrens.

Aus der Werbung –
Wortlaut des Prospekts
BMW 503

Als überzeugendes Beispiel vollendeter Harmonie von Leistung, Formschönheit und Fahrkomfort nimmt der auf internationalen Schönheitskonkurrenzen immer wieder preisgekrönte BMW 503 eine Sonderstellung ein. An diesem vollendeten Automobil ist alles zur Selbstverständlichkeit geworden, was einer sportlich schnellen Fahrweise, der Sicherheit und dem Wohlbefinden von Fahrer und Fahrgast dient. Die Dynamik seiner motorischen Leistung ist ebenso außergewöhnlich wie seine einmalige Straßenlage. Überaus leichtgängige, präzise Lenkung, hydraulisch betätigte Kupplung, serienmäßiger Bremskraftverstärker, der feinfühliges, müheloses Bremsen aus jeder Geschwindigkeit erlaubt und die vollautomatische Betätigung von Verdeck und Fenstern durch Servokraft vermitteln Fahrer und Fahrgast in jeder Sekunde ein ungekanntes Fahrerlebnis, wie es nur dieser elegante, außergewöhnliche Wagen erschließen kann.

Zweifarbiges 503 Coupé, Serie 1.

503 Cabrio, Heckansicht mit Rudge-Imitatradkappen.

Der 3,2 l Motor, ein äußerst temperamentvoller Kurzhuber, erreicht bei 4800 U/min 140 PS. Selbst in den höchsten Drehzahlen sehr laufruhig und vibrationsarm, kann man sogar mit dieser Maschine im vierten Gang den Geschwindigkeitsbereich von 40 km/st bis zur absoluten Spitze erfassen. Einige besondere technische Details: nasse Zylinderlaufbüchsen im Leichtmetall-Zylinderkopf, automatischer Ventilspiel-Ausgleich, fünffache Gleitlagerung der Kurbelwelle und gleitgelagerte Pleuel, Wärmetauscher zum schnellen Erreichen der notwendigen Temperatur und zwei Doppel-Fallstromvergaser.
Die hydraulisch betätigte Einscheibenkupplung ergänzt weichgriffig und feinfühlig die vorbildliche und sportliche Charakteristik des temperamentvollen Motors.

Der auf den BMW 503 besonders abgestimmte Vollschutzrahmen ist fest mit der Karosserie aus tiefgezogenem Stahl verschweißt. Motorhaube und Kofferraumdeckel sind aus Leichtmetall.

Die präzise Kegelradlenkung trifft das ideale Mittelmaß. Leicht zu handhaben, garantiert sie stets eine exakte Steuerung mit dem erwünschten Kontakt zur Straße.

Die Hinterachse ist das Ideal einer Starrachse und unbedingt spurtreu. In Verbindung mit der Vorderachskonstruktion ergibt sich neigungsfreies Kurvenfahren.

Die progressiv wirkende Drehstabfederung ist weich und auf sportliche Fahrweise abgestellt. Ihre Dämpfung, selbst auf ausgesprochenen Schlaglochstrecken, ist hervorragend.

Der BMW 503 besitzt großdimensionierte Bremsen. Die Leichtmetall-Bremstrommeln werden durch besondere Führung des Luftstromes gekühlt.

Der Innenraum des BMW 503 ist auf sportliche wie bequeme Fahrweise abgestimmt. Die anatomisch einwandfrei geformten Ledersitze, deren Lehnen man auch während der Fahrt mit einem Griff verstellen kann, sind weich ohne jedoch den Kontakt zu Fahrzeug und Straße aufzuheben. Die Instrumente liegen in dem formschönen Armaturenbrett besonders übersichtlich. Alle Bedienungshebel sind griffgerecht angeordnet. Der geräumige Handschuhkasten wird beim Öffnen automatisch beleuchtet. Um Tür- und Fondscheiben beim Coupé, Verdeck und Türscheiben beim Cabriolet elektrohydraulisch zu betätigen, genügt ein leichter Druck auf die entsprechende Taste. Die Kippschalter befinden sich an den beiden Türwänden, die mit geräumigen Fächern ausgestattet, ganz in Leder gearbeitet sind. Die Klimaanlage läßt sich bis auf feinste Nuancen regulieren. Je nach Witterung kann Heiz- oder Frischluft, oder auch beides eingelassen werden.
Im Kofferraum, besonders geräumig durch das unter der Gepäckladefläche versenkt liegende Reserverad, kann das Gepäck auch für die große Reise bequem untergebracht werden.

Oben: Weitwinkelaufnahme vom 503 Coupé (Serie). Unten: retuschierte Aufnahme eines 503 Cabrios.

Vorderachshälfte (hier die linke Seite) des BMW 503. Sie war von der Ausführung her baugleich mit den Komponenten des 507 und kam in dieser Ausführung fast unverändert von 1956 bis 1959 in beiden Fahrzeugen zum Einsatz.

Nicht ganz so viel freie Sicht nach hinten wie das Coupé bot das 503 Cabriolet mit seinem kleineren Heckfenster.

Technische Daten BMW 503

Motor: V8-Zylinder (90°) – Bohrung/Hub: 82/75 mm – Hubraum: 3168 ccm – Verdichtung: 7,3:1 – Leistung: 140 PS bei 4800 U/min. – max. Drehmoment: 22 DIN-mkg bei 3800 U/min. – mittlere Kolbengeschwindigkeit: 7,5 m/sek. bei 3000 U/min.

Motorkonstruktion: Hängende Ventile, Stoßstangen und Kipphebel; zentrale, durch Kette angetriebene Nockenwelle; fünffach gelagerte Kurbelwelle – zwei Doppelfallstromvergaser Zenith 32 NDIX – elektrische Anlage: 12 Volt, 200 Watt – Wasserkühlung (10-Liter-Pumpe) – Schmierung: Öl, 6,5 Liter, Druckumlauf

Kraftübertragung: Einscheiben-Trockenkupplung, sperrsynchronisiertes Vierganggetriebe, Hinterachsantrieb, Übersetzung 3,90:1 oder 3,42:1. Getriebe vom Motorblock getrennt unter den Sitzen angeordnet und Lenkradschaltung – ab September 1957 Getriebe mit Motorblock verblockt und Knüppelschaltung – Übersetzungen: Viergang/Viergang-Sportgetriebe: 1. Gang 3,78:1, 3,540:1; 2. Gang 2,35:1, 2,202:1; 3. Gang 1,49:1, 1,395:1, 4. Gang 1,00:1; Rückwärtsgang 5,38:1, 5,030:1

Fahrwerk, Aufhängung: Kastenprofilrahmen; vorn mit je zwei Dreieckquerlenkern, hinten Starrachse mit Dreieckschublenkern, vorn und hinten einstellbare Drehstabfedern und Teleskopstoßdämpfer – Hydraulische Fußbremse mit Bremsservo, Trommel-⌀ 284 mm, Bremsfläche 1256 cm², mechanische Handbremse auf Hinterräder – Lenkung mit Kegelzahnrädern, Übersetzung 16,5:1; 3,5 Lenkradumdrehungen – Tankinhalt: 75 Liter, 8 Liter davon Reserve – Reifen: 6.00 H 16 (6 PR) – Felgen: 4,50 E x 16

Serienausführung: zweisitziges Sport-Coupé oder Cabrio mit Leichtmetallkarosserie, elektrohydraulische Verdeck- und Fensterbetätigung, zwei Nebelscheinwerfer fest in der Front eingebaut, Heizung und Lüftung mit Gebläse, reichhaltiger Werkzeugkasten, Drehzahlmesser, Tageskilometerzähler, Zeituhr, Öldruckanzeige, Wasserthermometer, regelbare Armaturenbeleuchtung, Doppelhorn, Zigarrenanzünder, Verbundglasfrontscheibe, Schaumgummipolsterung, Liegesitze, ab 1958 asymmetrisches Abblendlicht, elektrische Scheibenwaschanlage, Bremsservo, Motorraumbe-

leuchtung, abschließbarer Tankdeckel, Lenkradschloß

Zusatzausrüstung: Becker Autoradioanlage mit automatischem Stationssucher, automatische Motorantenne, Scheibenräder mit Zentralverschluß, Sealed-Beam-Scheinwerfer für Export, Rückfahrscheinwerfer, Sportgetriebe, Hinterachsübersetzung 3,42:1, Lederpolsterung, automatische Kupplung, Einlegeteppiche, Frontscheibe mit Grünkeil, Stahlschiebedach, Weißwandreifen, Zweifarbenlackierung

Außenfarben: Cortinagrau, Creme, Dunkelblau (Pacific), Grün, Meerschaumweiß, Schwarz, Silbermetallic

Polsterfarben: Graublau, Grün, Beige, Weinrot

Teppichfarben: Grau, Weinrot, Kupfer, Bisquit, Moosgrün, Honig

Abmessungen: Radstand: 2835 mm – Spur vorn: 1400 mm – Spur hinten: 1420 mm – Gesamtlänge: 4750 mm – Breite: 1710 mm – Höhe: 1440 mm – Wendekreis: 12 m – Wagengewicht: 1460 kg – zul. Gesamtgewicht: 1800 kg – Höchstgeschwindigkeit: 190 km/h – Beschleunigung von 0-100 km/h: 13 sek.; Testmessungen: (Beschleunigung) 0-80 km/h (1. und 2. Gang) 8,3 sek., 0-100 km/h (1. bis 3. Gang) 13,3 sek., 0-120 km/h (1. bis 3. Gang) 18 sek., 0-140 km/h (1. bis 4. Gang) 26,3 sek., C-160 km/h (1. bis 4. Gang) 35,2 sek., 40-140 km/h (im 4. Gang) 28,5 sek., 70-90 km/h (im 3. Gang 3,5 sek. – mittlere Bremsverzögerung: 7,5 m/sek.² (aus 80 km/h)

Bergsteigefähigkeit: 1. Gang 45%, 2. Gang 30%, 3. Gang 19%, 4. Gang 13% – Verbrauch: ca. 16 Liter Super/100 km

Preise: Mai 1956: 29.500 DM (Coupé und Cabrio), Dezember 1957: 31.500 DM (Coupé und Cabrio), Juli 1958: 32.950 DM (Coupé und Cabrio)

Produktion: 1955: 3 Prototypen (später wieder zerlegt), 1956: 153, 1957: 64, 1958: 143, 1959: 49; insgesamt 412 Stück, davon 273 Coupés und 139 Cabrios von Mai 1956 bis März 1959

BMW 507

Wie so oft im Automobilgeschehen, orientierte sich auch BMW an der Konkurrenz und faßte den Entschluß, nach der Präsentation des Typs 502 in der Sportwagenklasse Fuß zu fassen. Man mochte nicht länger mit ansehen, wie die 300-SL-Sportcoupés von Daimler-Benz im Renngeschehen Sieg um Sieg herausfuhren. Was BMW fehlte, war ein echter Sportwagen, ein Nachfolger des legendären Vorkriegs-BMW 328. Diese Meinung teilte auch der aus Österreich stammende Amerikaner Maximilian Edwin Hoffmann, einer der ersten, der neben BMW auch andere europäische Automobile nach Amerika importierte. Er kannte den amerikanischen Geschmack und lehnte die ihm vorgelegten Münchener Sportwagen-Entwürfe strikt ab. Hoffmann schwörte, was Sportwagen betraf, auf italienisches Design. Doch fragt man, wer für BMW den seinerzeit schönsten deutschen Sportwagen entworfen hat, fallen hier nicht Namen wie Pininfarina, Bertone oder Frua. Ein gewisser Albrecht Graf Goertz, 1933 von Deutschland nach Amerika ausgewandert, skizzierte das mustergültige Design des neuen Sportwagen. Goertz arbeitete in den USA für den berühmten Designer Raymond Loewy, bis er 1952 seine Entwürfe im eigenen Designstudio verwirklichte. Wer hat nicht schon einen Mont-Blanc-Füller oder eine Agfa-Kamera in der Hand gehabt oder einen Saba-Fernseher oder ein Rowenta-Bügeleisen bedient. Daß er fähig war, Automobile zu entwerfen, bewies er bereits unter Loewys Regie

(Studebaker), der einschlagende Erfolg bei BMW gelang ihm mit der Linienführung der Typen 503 und 507. Allerdings war er nicht der einzige, der sich intensiv mit dem BMW 507 beschäftigte. Die Geschichte des sportlichen Touren-Zweisitzers begann eigentlich am 13. September 1954 bei einem Schönheitswettbewerb in Bad Neuenahr. Dort erhielt laut BMW-Pressemitteilung Nr. 26/54 ein von Ernst Loof geschaffener Wagen die Goldmedaille für Form, Linie und beispielhafte Ausstattung. Optisch erinnerte er mit seinem seitlichen sichelförmigen, hinter dem Vorderrad plazierten Luftaustritt an einen Veritas. Verständlich, denn Ernst Loof, der schon vor dem Krieg bei BMW gearbeitet hatte und später für die Veritas-BMW-Sportwagen verantwortlich war, erfuhr zufällig von dem geplanten BMW-Sportwagen-Projekt. Nach Aufgabe seines Veritas-Abenteuers arbeitete er in der Konstruktionsabteilung von BMW und sah es geradezu als Herausforderung an, im Alleingang nach eigenen Ideen schnell eine den Veritas-Wagen ähnliche Sportwagen-Karosserie bauen zu lassen. Schließlich war das ja lange Zeit sein Spezialgebiet gewesen. Daß er den Wagen mit einer von Karl Baur in Stuttgart gefertigten Aluminiumkarosserie auf einem BMW-502-Chassis aufbauen ließ, störte BMW an und für sich gar nicht. Vielmehr war es die nicht zu verleugnende Ähnlichkeit mit den Veritas-Fahrzeugen, die die BMW-Verantwortlichen mißstimmte, und die Tatsache, daß Loofs Kreation in Bad Neuenahr die Goldmedaille gewann. Trotzdem verschwand der über 200 km/h schnelle Wagen mit Fünfganggetriebe (Gewicht 900 kg, 2,6-Liter-V8-Motor – wahrscheinlich 158 PS Leistung) in der Versenkung. Angeblich wurde er,

In Anlehnung an den Veritas Typ Nürburgring RS schuf Ernst Loof eine Studie, die nach seinen Vorstellungen beste Voraussetzungen als Ausgangsbasis für einen BMW-Sportwagen bot. Die Karosserie aus Aluminiumblech wurde bei Baur in Handarbeit gefertigt und ruhte auf einem BMW-V8-Chassis. Auch die Antriebsquelle entstammte bayerischer Produktion. Das Design war wohl mehr eine Frage des persönlichen Geschmacks. Trotzdem stellt es, vielleicht gerade wegen seiner Eigenwilligkeit, eine Besonderheit dar. Obwohl in diesem Stadium nie als Serienmodell geplant, existierte von dem Wagen ein Prospekt. Hier war vom „Sportwagen 502" die Rede, der wahlweise sogar mit aufsetzbarem Hardtop zu haben sein sollte.

Loof Prototyp 507 (Sportwagen 502).

Eine gewisse Sportlichkeit läßt sich nicht leugnen, erinnert die tiefe Sitzposition in kleinen, etwas schalenförmig ausgeprägten Sitzmulden doch an englische Vorbilder. Unter anderem fällt die panoramamäßig stark gewölbte Windschutzscheibe ins Auge. Wie an der Türverkleidung ersichtlich, waren bei dem Zweisitzer sogar Kurbelscheiben vorgesehen. Erstaunlich, daß dieses historische Gefährt noch heute existiert – das Foto, aufgenommen bei einem Veritas-Treffen am Nürburgring, beweist es.

so hieß es zumindest offiziell, einem wenig bekannten italienischen Rennfahrer zur Verfügung gestellt. 1967 kam die Rarität mit der Chassis-Nr. 70-001 wieder zurück nach Deutschland und wurde von einem Liebhaber mühevoll restauriert.

Zurück zur Entstehungsgeschichte des 507. BMW gab den inzwischen von Graf Goertz eingetroffenen Entwürfen den Vorzug.

Wie auch Ernst Loof, setzten die Techniker Goertz' Karosserie auf ein verkürztes BMW 502-Chassis. Auf der Frankfurter IAA 1955 gab der neue BMW 507 sein deutsches Debüt. Obwohl andere Hersteller technisch interessante Neuerungen präsentierten (Porsches Carrera-Motor mit vier obenliegenden Nockenwellen, Goliaths Zweitaktmotor mit Benzineinspritzung, um nur einige zu nennen), zog es Publikum und Fachpresse immer wieder zum BMW-Stand, um „das schönste Auto der Welt" zu bewundern. Für die meisten blieb der 507 sicherlich Wunschdenken. Sechs Volkswagen konnte man immerhin anstatt eines 507 kaufen. Aber der 507 wurde ja nicht für die breite Masse, sondern für eine betuchte Käuferschicht gebaut. Der weniger Finanzkräftige schätzte sich mit einer Isetta ebenso glücklich.

Weil der 507 technisch an die Serie der 502-Limousinen anlehnte, war er genaugenommen kein eigenständiges Baumuster. Trotzdem profitierte die Kundschaft davon, denn der Kundendienst konnte bei dem Spitzenmodell auf Serientypen-Erfahrung zurückgreifen, Wagen, die selbst schon über dem Durchschnitt lagen. Man darf sagen, BMW ist es gelungen, mit wenigen Änderungen aus der 502-V8-Limousine einen reinrassigen Sportwagen zu entwickeln. Besonders stark modifiziert wurde, abgesehen von der Leichtmetallkarosserie, die Hinterachsführung am verkürzten Chassis. Hier ersetzte man das bei den anderen Modellen verwendete Dreieck zwischen Rahmen und Differentialgehäuse durch Schubstreben und einen querliegenden Panhardstab. Das bei den Limousinen separat gelagerte Vierganggetriebe wurde beim 507 mit dem Motor verblockt. Der 507 war keineswegs als sportlicher Ableger eines Tourenwagens zu bezeichnen, vielmehr galt er in der Hand eines wirklich guten Fahrers als sportliches Vollblut, das Leistungen abgab, die an diejenigen von Rennsportwagen herankamen.

Am deutlichsten fiel jener Charakterzug bei den Wagen mit der sogenannten USA-Motorenversion auf, das hieß höhere Verdichtung und 165 PS Leistung bei 5.800 U/min. gegenüber 150 PS bei 5.000 U/min. Entschied man sich von den drei lieferbaren Hinterachsuntersetzungen für die mit der geringsten Reduktion und montierte die als Zubehör lieferbare Verschalung der Fahrzeugunterseite, erreichte der Wagen mit dem unkomplizierten Stoßstangenmotor mühelos 220 km/h. Der sagenhafte Kraftüberschuß des Motors ebnete Steigungen förmlich, Paßstraßen konnten, sofern es der Verkehr zuließ, mit 100 km/h im dritten Gang lässig befahren werden.

Sportwagenbegeisterung heute und anno dazumal. Der silbermetallic lackierte 507 steht hier im alten Fahrerlager des Nürburgringes und wartet auf seinen Einsatz. Der rote Wagen zierte in den fünfziger Jahren einen heute sehr gesuchten Verkaufsprospekt. Einen passenderen Hintergrund als ein Flugzeug dürfte es für den schnellen 507 wohl kaum gegeben haben. BMWs Werbefachleute verstanden es, durch gekonnte Gegenüberstellungen auf den reinrassigen Zweisitzer aufmerksam zu machen.

Mit anderen Worten: ein für den Wettbewerbssport durchaus prädestinierter Wagen. Hans Stuck zum Beispiel siegte 1958 mit seinem 507 in der Klasse über zwei Liter beim „Roßfeld-Bergrennen" und beim „Freiburger-Bergrekord". Stucks Siege 1959, wieder auf BMW 507 in der GT-Klasse über zwei Liter: „Wallbergrennen", „Roßfeld-Bergrennen", „Freiburger-Bergrekord", „Graisberg-Rennen" (Österreich) und „Großer Bergpreis der Schweiz".

Man mußte sich mit dem 507 allerdings nicht im sportlichen Wettkampf messen, er bot ohnehin schon genügend Fahrgenuß auf den strammen Sitzen mit gerundeten Rückenlehnen. Kritiker fanden allerdings, daß die Lage der Pedale nicht optimal gewählt wurde und wünschten sich lieber einen geringeren Abstand zwischen Gasund Bremspedal, um beim Herunterschalten auch Zwischengas geben zu können. Auch das steil angeordnete Lenkrad war ihnen etwas zu groß. Die Instrumentierung sowie Genauigkeit von Geschwindigkeits- und Drehzahlmesser hingegen verdienten Lob. Gegenüber den beiden gebauten Vorserienmodellen gab es beim Serienwagen noch den einen oder anderen feinen Unterschied: Auf ein zweifarbiges Lenkrad (Hupenknopf und Kranz elfenbeinfarben, lackierte Speichen im Farbton der Innenausstattung) wurde ebenso verzichtet wie auf die irritierend wirkende Lackierung der Skalen von Drehzahlmesser und Tacho. Nicht nur sie, auch die Skalen des Radios sollten ursprünglich der Armaturenbrettfarbe angeglichen werden.

Blicken wir dem 507, dem ersten Nachkriegs-BMW ohne traditioneller BMW-Niere am Bug, unter die Haube. Typenschild und Karosserienummer befanden sich an der oberen Spritzwand, seine Motornummer war am Kurbel-

Albrecht Graf Goertz präsentiert im Lenbachpavillon seinen 507 mit der Chassisnummer 70 002

gehäuse rechts vorn neben dem Ölmeßstab und die Chassisnummer an der Rahmenkonsole zu finden. Das Antriebsaggregat, der Leichtmetall-V8-Motor mit fünffach gelagerter Kurbelwelle, holt aus 3,2 Liter Hubraum satte 150 PS. Den Ventiltrieb besorgt eine zentral positionierte, kettenangetriebene Nockenwelle. Die parallel hängenden Ventile wurden über Stößel, Stoßstangen und Kipphebel gesteuert. An langen Schrauben gelagerte Kipphebelwellen verhinderten einigermaßen temperaturabhängige Ventilspiel-Änderungen. In bezug auf Laufruhe und Komfort war die BMW-Maschine, verglichen mit dem Aggregat des Mercedes-Benz 300 SL, in jeder Hinsicht überlegen. Im Gegensatz zu den BMW-Limousinen wurde das Getriebe des 507 nicht zwischen Motor und Vordersitze getrennt positioniert, sondern direkt mit dem Motor verblockt.

Was den Fahrkomfort betraf, ließ sich der 507 dank der einstellbaren Federstäbe und Stoßdämpfer vom hartgefederten, straffen Sportwagen bis hin zum angenehm sportlichen Alltagsfahrzeug verändern. In jeder Situation aber zeigte sich die ausgewogene Konstitution des Fahr-

507-„Röntgen"-Aufnahme.

gestells. Je nach Federeinstellung reagierte er mit stärkerer oder schwächerer Kurvenneigung, doch für seine Größe und sein Gewicht ließ er sich mit Leichtigkeit auch durch enge Kurven ziehen. Auf Fahrfehler, zum Beispiel in der Gangwahl, beim Lenken oder Gasgeben in der Kurve, zeigte er zwar sofort Reaktion, aber für den versierten Tourenfahrer ließ sich jede Situation mit Leichtigkeit meistern. Wer es verstand, mit der Kraft des 507 umzugehen, der besaß ein Fahrzeug, das auch im dichten Verkehr oder beim Überholen anderen weit überlegen war. Sein hervorragendes Beschleunigungsvermögen reduzierte die notwendige Überholstrecke auf ein Minimum.

Auch der 507 mußte sich im Laufe der Zeit einer Modellpflege unterziehen. Und wie so oft, fand man sogar bei den zuerst gebauten Wagen einige Änderungen gegenüber den seinerzeit präsentierten Prototypen. Zum Beispiel wurden die Fenster- und Hardtopgummis nicht wie geplant in Weiß, sondern in Schwarz gewählt. Auch die Scheibenwischer liefen nicht mehr gegeneinander, und die Defrosterdüsen auf dem Armaturenbrett rückten von außen direkt in mittige Position. Die ersten 43 gebauten Wagen (bis März 1957) mit teilweise auf der Hutablage plazierten Lautsprechern und 110 Liter fassendem Alumi-

niumtank (hochkant über der Hinterachse) zählten zur Serie I. Bei der zweiten Serie rückten die Lautsprecher mit in das modifizierte Armaturenbrett. Das Handschuhfach wurde vergrößert, ein oberhalb der Sitze gelegenes abschließbares Gepäckfach verschwand ebenso wie der große 110-Liter-Tank, den es nur noch auf Wunsch gab. Serienmäßig bestückte BMW den 507 jetzt mit einem 65 Liter fassenden Tank. Zwar reduzierte diese Modifikation den Aktionsradius des Wagens je nach Fahrweise um etwa 200 km, aber der dadurch gewonnene Stauraum hinter den Sitzen und die Möglichkeit, längere Sitzschienen zu montieren, waren von den Käufern durchaus akzeptierte Entscheidungen. Rund um die Karosserie gab es hier und dort ebenfalls geringfügige Änderungen: die zweite Serie erhielt zierlicher gestylte Türgriffe, der Tankeinfüllstutzen rückte seitlich in den rechten hinteren Kotflügel und lag nicht mehr wie in der ersten Serie auf Grund der Tankordnung oben hinter dem Cabrioverdeck. Ob die nach März 1957 montierte plumpere, mit schwarzem Bandeisen befestigte vordere Stoßstange zur Verschönerung des optischen Eindrucks beitrug, darf dahingestellt bleiben. Die zierlichen, sich zur Seite hin verjüngenden und mit kleinen verchromten Rohren befestigten Stoßfänger der ersten Wagen standen dem Fahrzeug

507-Armaturen der Exportausführung mit Meilentacho.

Fotos von Sportroadstern mit aufgesetztem Hardtop waren schon immer eine Seltenheit. Das mag einerseits daran liegen, daß dieses – meist nur gegen Aufpreis – lieferbare Zubehörteil die Linie der Karosserie total zerstört, andererseits wurde ein festes Dach nur selten geordert. Der 507 macht sicherlich eine große Ausnahme. Ihm steht das Hardtop ausgezeichnet, ja es läßt den Wagen vielleicht noch agressiver wirken.

jedenfalls besser zu Gesicht. Wenigstens die hintere Stoßstange, auf der Autobahn sah man ja meist doch nur die Heckpartie des Wagens, wurde durch eine nunmehr abgerundete Version optisch aufgewertet. Ab 1959 bestückte BMW den 507 wahlweise mit vorderen Scheibenbremsen, angeblich rollten aber nur die letzten vier gebauten Wagen mit dieser sinnvollen Einrichtung über die Straßen.

Wie dem auch sei, der 507 war sicherlich BMWs Antwort auf den Mercedes-Benz 300 SL, auch wenn er ihm leistungs- und geschwindigkeitsmäßig unterlegen war. Aber er wurde auch nicht als ausgesprochener Rennwagen, sondern vielmehr als ästhetischer Boulevard-Sportwagen konzipiert. In ihm einen Nachfolger des Vorkriegs BMW 328 zu sehen, wäre schön gewesen, doch diese Rangstellung konnte er einfach nicht einnehmen. Vielmehr blieb er das sportlich exklusive Cabriolet für Leute mit gut gefüllter Brieftasche. Der Grund, weshalb vielleicht nur 252 Wagen abgesetzt werden konnten.

Die Form eines Automobils bestimmen zu dürfen, war und ist sicherlich der größte Traum eines jeden Designers. Albrecht Graf Goertz prägte zwar nur das äußere weniger Automobile, doch seine „besten" Linienführungen finden wir bei den für europäische Firmen kreierten Entwürfen zweifelsohne am BMW 507 wieder.
Wer hätte jemals gedacht, daß diese rassigen Linien ohne typische BMW-Niere den von Graf Goertz gezeichneten Sportwagen zu einem gesuchten Sammlerauto, ja zu dem neben dem Mercedes-Benz 300 SL gefragtesten deutschen Sportwagen überhaupt werden lassen!

Werbeaufnahme mit dem 507 in Hardtop-Ausführung.

Aus der Werbung – Wortlaut des Prospekts vom BMW 507

Aus der Reihe der Großen BMW Achtzylinder: BMW 507 Touring Sport. Für Kenner und Automobil-Enthusiasten mit Sinn für das Außergewöhnliche wurde der BMW 507 Touring Sport geschaffen. Mit diesem in internationalen Wettbewerben sieggewohnten und auf Schönheitskonkurrenzen immer wieder preisgekrönten zweisitzigen Roadster setzt BMW die langjährige und erfolgreiche Tradition im Bau schneller Sportwagen fort. Für Fahrer und Fahrgast wird jede Fahrt mit dem 507 zum einzigartigen Erlebnis. Die im Vorüberreilen genossene Landschaft, wenn Hügel und Berge sich zu begradigen scheinen, Entfernungen dahinschwinden, ist in gleicher Weise berauschend wie die gelassen beschauliche Fahrt, wenn nur ein Minimum der unter der Motorhaube schlummernden Kräfte wirkt. Die motorische Dynamik, schon im Ausdruck der vollendeten Linienführung sichtbar, scheint fast unerschöpflich, Kurvenlage, Straßenkontakt und Fahrsicherheit grenzen ans Wunderbare.

Mit zwei Doppelfallstromvergasern ausgerüstet, leistet der 3,2 l V-Achtzylindermotor 150 PS bei einer Verdichtung von 7,8:1. Da das Höchstdrehmoment bei 4000 U/min. 24 mkg, das Wagengewicht aber nur 1.260 kg beträgt, ist die Beschleunigung geradezu phänomenal. Einige besondere technische Details: nasse Zylinderlaufbüchsen im Leichtmetall-Zylinderblock, automatischer Ventilspiel-Ausgleich, fünffache Gleitlagerung der Kurbelwelle und gleitgelagerte Pleuel, Wärmetauscher zum schnellen Erreichen der notwendigen Öl-Temperatur. Die hydraulisch betätigte Einscheiben-Kupplung ergänzt weichgriffig und feinfühlig die sportliche Charakteristik des temperamentvollen Motors. Das am Motor angeblockte Vierganggetriebe ist sperrsynchronisiert. Der die

Leichtmetall-Karosserie tragende Vollschutzrahmen ist der stabile Unterbau für die vorbildliche Vorder- und Hinterachsaufhängung. Die spielfreie Kegelradlenkung gewährleistet zentimetergenaues Fahren. Die Lenksäule ist individuell verstellbar. Die Hinterachsaufhängung mit Schub- und Zugstrebe und die Ausbildung der Querstrebe als Panhard-Stab sind besonders für eine sportliche Fahrweise ausgelegt. Die Vorderachskonstruktion ergibt das für BMW Wagen sprichwörtliche spurtreue Verhalten bei jeder Straßenbeschaffenheit. Die Federung erfolgt mittels einstellbarer Drehstäbe. Der BMW 507 besitzt großdimensionierte Bremsen. Die Leichtmetall-Bremstrommeln werden durch besondere Führung des Luftstroms gekühlt. Serienmäßig wird der BMW 507 mit einem Allwetterverdeck, auf Wunsch mit einem abnehmbaren Coupé-Aufsatz geliefert.

Der Innenraum des BMW 507 entspricht ganz der bildschönen Linie seiner sportlich eleganten Karosserie. Schmiegsam weich sind die breiten Ledersessel der Körperform angepaßt und erhöhen so den Kontakt zu Fahrzeug und Straße. Die vollständig mit Leder verkleideten Türen sind mit geräumigen Seitentaschen und breiten Armstützen in der anatomisch richtigen Lage ausgestattet. Im direkten Blickfeld des Fahrers liegen die großen, übersichtlichen Instrumente, die sich mit den Bedienungshebeln und dem verschließbaren Handschuhkasten harmonisch in das formvollendete Armaturenbrett einfügen. Eine leicht regulierbare Klimaanlage garantiert durch Zufuhr von Heiz- und Frischluft bei jeder Wetterlage die gewünschte Innentemperatur. In dem von außen zugänglichen, geräumigen Kofferraum läßt sich mühelos Reisegepäck für zwei Personen unterbringen.

BMW 507 – Sonderkarosserien

Vielleicht war es die brillante Linienführung, der geschmeidige V8-Motor oder das sportliche Image des BMW 507, jene typischen Merkmale, die andere 507-Liebhaber inspirierten, ihr ganz persönliches Design realisiert zu sehen. Zu der interessantesten Studie zählt zweifelsohne die von Raymond Loewy, der im Juli 1986 im Alter von 93 Jahren starb. Als Lehrmeister von Albrecht Graf Goertz, der die Karosserielinie des 507 kreierte, entward Loewy ein reizvolles „Gegenstück" mit in das Dach hineingezogenen Türausschnitten und eigenwillig verlängerten Auspuffrohren. Sie ersetzten in der Tat die hintere Stoßstange, denn bei einem Aufprall federten sie einfach zurück. Der Wagen, von der Firma Pichon-Parat in der Nähe von Paris gebaut, wurde sogar 1957 auf dem Pariser Salon gezeigt, ist noch existent und steht heute im Automobil-Museum der Universität of Southern California in Los Angeles.

Ein anderer 507 mit der Fahrgestellnummer 70.184 wurde bei dem Karossier Vignale gebaut. Entworfen hatte den Aufbau der italienische Designer Giovanni Michelotti, wobei er den gesamten Vorderwagen stilistisch einigermaßen beibehielt, sich beim Heck mit den angedeuteten Flossen aber an amerikanischen Vorbildern orientierte. Voll versenkbare Scheibenwischer sorgten zusätzlich für gute Strömungsverhältnisse. Im Gegensatz zum geschlossenen Loewy-507 konnte Michelotti seinem 1959 auf dem Turiner Salon präsentierten Wagen ein großzügig verglastes, leider relativ eckig ausgefallenes Hardtop aufsetzen. Im April 1986 sorgte das mit Scheibenbremsen ausgestattete und maronmetallic lackierte Fahrzeug (schwarzes Leder-Interieur) wieder für großes Aufsehen: Laut dpa-Pressemitteilung wurde das Einzelstück im Londoner Auktionshaus Christie's für umgerechnet 160.000 DM versteigert. Dieser Wert dürfte bisher den höchsten Preis darstellen, der jemals für einen gebrauchten BMW bezahlt wurde.

Aber der 507 hatte noch einen ganz besonderen „Ableger": den „Talbot Lago America". Er wurde als absolute Rarität erstmals 1957 vorgestellt und nur zwölfmal gebaut. Sein Interieur erinnerte etwas an das 507-Cockpit, sein Rohrrahmen wies Parallelen zum 507-Unterbau auf, und weil Firmenchef Tony Lago mit seinem Talbot-Motor unzufrieden war, stieß er mehr oder weniger zufällig auf den ersten deutschen 2,6-Liter-V8-Motor. Somit gehört der französische Talbot eigentlich in die Rubrik der Barockengel, doch wegen seiner sportlichen Ambitionen geziemt es sich, ihn unter diesem Kapitel abzuhandeln. Weil in Frankreich Motoren dieser Größenordnung mit einer Luxussteuer belegt wurden, verpaßte Lago dem Aggregat Kolben und Laufbüchsen mit einem Untermaß, so daß der V8 aus nur noch 2476 ccm Hubraum 125 PS Leistung abgab. Nach den zwölf gefertigten Exemplaren und bereits vier vormontierten Fahrgestellen meldete Lago Konkurs an und ging 1959 in die Hände Simcas über.

Über Geschmack läßt sich streiten: Die Idee des Franzosen Raymond Loewy für einen etwas anders gearteten BMW 507 wurde bei Pichon-Parat in die Tat umgesetzt.

Auch in Frankreich konnte man sich für deutsche Wertarbeit begeistern und bestückte den Talbot Lago America mit einem bayerischen V8-Zylinder. Das in Hubraum und Leistung reduzierte Aggregat entstammte eigentlich den „Barockengeln" – aber ähnelt die Karosserie des Talbot nicht dem 507?

Loewy-BMW 507 von 1957.

Sonderkarosserie Vignale/Michelotti auf einem 507-Fahrgestell.

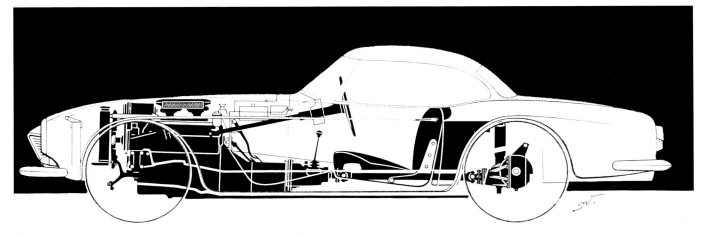

Die Proportionen eines echten Sportwagens im Schnitt: lange Haube, relativ gute Gewichtsverteilung von Motor und Getriebe, tiefe Sitzposition und kurze Überhänge.

Technische Daten BMW 507

Motor: V8-Zylinder (90°) – Bohrung/Hub: 82/75 mm – Hubraum: 3168 ccm (nach Steuerformel = 3146 ccm) – Verdichtung: 7,8:1 (1. Serie 7,5:1) – Leistung: 150 PS bei 5000 U/min. (1. Serie 140 PS bei 4800 U/min.) – max. Drehmoment: 24 DIN-mkg bei 4000 U/min. (1. Serie 22,6 mkg)

Motorkonstruktion: Hängende Ventile, Stoßstangen und Kipphebel – Zentrale Nockenwelle (Kette) – Druckumlaufschmierung, Hauptstromölfilter, Ölkühlung durch Wärmeaustauscher, fünffach gelagerte Kurbelwelle – 2 Doppelfallstromvergaser Zenith 32 NDIX – Naßluftfilter – 1 mechanische Benzinpumpe – elektrische Anlage: 12 Volt, 200 Watt – Wasserkühlung (10-Liter-Pumpe) – Schmierung: Öl, 6,5 Liter, Druckumlauf – Füllmenge: 6 Liter plus 0,5 Liter Filter – Ölwechsel alle 3000 km, ganzes Jahr HD-Mehrbereichsmarkenöle SAE 20 W/40 oder 10 W/30 (evtl. SAE 30 HD, nur Sommer), Filterpatronenwechsel alle 6000 km, Getriebe: 1,25 Liter Markengetriebeöl SAE 90, Wechsel alle 12.000 km.

Vergasereinstellung: Lufttrichter 2 x 27 mm, Hauptdüse 2 x 155, Luftkorrekturdüse 2 x 100, Leerlaufdüse 2 x 55, Pumpdüse 2 x 60, Starterbenzindüse 120, Starterluftdüse 5 mm, Benzinniveau 18 mm + 1 mm unter Trennfuge. Luftfilter alle 6000 km reinigen und einölen.

Ventilspiel: Warm 0,25 mm. Steuerzeiten (bei Ventilspiel kalt 0,5 mm); Einlaß öffnet 17° vor OTP, schließt 52° nach UTP; Auslaß öffnet 52° vor UTP, schließt 17° nach OTP.

Zündung: Grundzündeinstellung 8° vor OTP im Leerlauf – Zündfolge 1-5-4-8-6-3-7-2 – Zündkerzen Bosch W 240 T 1 oder Beru 240/14 (Zündkerzen mit Langgewinde bei Zylinderköpfen mit eingegossenem L, für Radio entstörte Zündkerzen), Elektrodenabstand 0,9 mm, Unterbrecherabstand 0,4 mm.

Kraftübertragung: Einscheiben-Trockenkupplung, Vierganggetriebe verblockt, alle vier Gänge geräuscharm und sperrsynchronisiert, 1. Serie Fünfganggetriebe, Schalthebel Mitte, Hypoidachsantrieb – Untersetzung: 3,7:1 (auf Wunsch 3,42 und 3,9) – Untersetzungsverhältnisse: 1. Gang 3,387:1, 2. Gang 2,073:1, 3. Gang 1,364:1, 4. Gang 1,000:1, Rückwärtsgang: 3,18:1

Theoretische Geschwindigkeits-Drehzahlverhältnisse: Unters. 3,7:1 Reifen: Extra-Super-Record 2,2 atü

Dreh-zahl U/min.	1. Gang km/h	2. Gang km/h	3. Gang km/h	4. Gang km/h	Kolben-geschwindigkeit (m/sek.)
a: 1000	10	17	25	34,7	2,5
b: 4000	41	67	102	139	10,0
c: 5000	51	84	127	173	12,5
d: 5750	59	96	146	199	14,4

b: max. Drehmoment; c: max. Leistung; d: max. zulässige Drehzahl. Zunahme des Reifenrollradius bei hohen Geschwindigkeiten nicht berücksichtigt (1,75% bei 200 km/h). Mit Achsuntersetzung 3,42:1 Geschwindigkeit + 8%, mit 3,9:1 –5%.

Fahrgestell, Aufhängung: Kastenrahmen mit Rohrtraversen – vorn Einzelradaufhängung mit Trapez-Dreieckquerlenkern, hinten Starrachse mit Federhebel, Schubstreben, Panhardstab – vorn und hinten einstellbare Längstorsionsstäbe und einstellbare Koni-Teleskopstoßdämpfer, vorn Torsionsstabilisator – hydraulische Fußbremse, Alfin-Trommeln (Ø 280 mm), Stufenzylinder, vorn zwei Primärbacken, ATE-Unterdruckbremshilfe; Gesamtbelagfläche 1300 cm²; mechanische Handbremse auf Hinterräder. Bei 2. Serie auf Wunsch vorne Scheibenbremsen – Lenkung mit Kegelzahnrädern, Übersetzung 16,5:1, verstellbare Lenksäule, 3,5 Lenkradumdrehungen – Tankinhalt 70 Liter (auf Wunsch 110 Liter), 8 Liter Reserve; Treibstoff: Super (ROZ min. 95) – Reifen 6.00-16, nur Continental-Extra-Super-Rekord und Metzeler-Extra-Super-Sport zugelassen, Felgen: 4,50 E x 16 – Reifendruck (kalt): 1,8 atü, Autobahn 2,2 atü, besonders schnelle Fahrt 2,5 atü. – Vorderradeinstellung: Vorspur 1-3 mm, Sturz 1°, Nachlauf belastet 3°20'.

Serienausführung: zweisitziges Cabriolet mit Leichtmetallkarosserie und Allwetterverdeck, Drehzahlmesser (wie Tacho 140 mm Ø), Tageskilometerzähler, Öldruckanzeige, regelbare Armaturenbrettbeleuchtung, Zigarrenanzünder, Doppelklanghorn, asymmetrisches Abblendlicht (ab 1958), Motorraumleuchte, elektrische Scheibenwaschanlage, Verbundglasfrontscheibe, Heizung und Frischluftgebläse, Lenkradschloß, abschließbarer Tankdeckel, Bremshilfe, Reserverad.

Zusatzausrüstung: Lochscheibenräder mit Zentralverschluß, Weißwandreifen, Unterschutz, Becker-Autoradioanlage mit automatischem Stationssucher, Automatikantenne, Sealed-Beam-Scheinwerfer (Exportversion), eingebaute Rückfahrscheinwerfer, Sperrdifferential, abnehmbares Coupé-Dach, Beifahrersitzabdeckung.

BMW 507

Abmessungen:

Radstand	2480 mm
Spur vorn	1445 mm
Spur hinten	1425 mm
Gesamtlänge	4380 mm
Breite	1650 mm
Höhe	1260 mm (belastet)
Bodenfreiheit	150 mm
Wendekreis	10,74 m (links)
Wendekreis	10,62 m (rechts)

Innenmaße der Karosserie:

Ellenbogenbreite vorn	1330 mm
Sitzbreite	2 x 450 mm
Türbreite	700 mm
Kopfhöhe	860 mm
Kofferraumbreite	920-1120 mm
Kofferraumhöhe	120-300 mm
Kofferraumtiefe	650-800 mm
Windschutzscheibe	1200 x 330 mm
Heckfenster (Cabrio)	830 x 310 mm

Wagengewicht	1330 kg
zul. Gesamtgewicht	1500 kg
Höchstgeschwindigkeit	Achse 3,90:1 190 km/h
	Achse 3,70:1 200 km/h
	Achse 3,42:1 215 km/h
	(USA-Version 221 km/h)
Beschleunigung	Achse 3,90:1 9 sek.
von 0 auf 100 km/h	Achse 3,70:1 9,5 sek.
	Achse 3,42:1 10 sek.
	(USA Version 8,2 sek.)
Verbrauch	ca. 17 Liter (20 Liter USA-Version)

Preise:		
November	1956 DM 26.500	1500,−*
April	1957 DM 28.500	1750,−*
Juli	1958 DM 29.950	1750,−*
* Aufpreis Hardtop		

Produktion		
	1955	2 Prototypen
	1956	13 Stück
	1957	91 Stück
	1958	98 Stück
	1959	48 Stück
	insgesamt	252 Stück

und 1 Loof-BMW 507 (Baujahr 1954)
von November 1956 bis März 1959

Lieferbare Farbkombinationen des BMW 507

Außenfarbe	Polsterfarbe
Altelfenbein	Rot
Adriasand	Braun
Dolomitengrau	Rot
Farngrün	Dunkelgrün
Federweiß	Rot
Graphit	Rot
Japanrot	Hellbraun
Kirschrot	Hellbraun
Lindgrün	Dunkelgrün
Metallblau	Gelb und Hellbraun
Papyros	Blau
Sizilianisch Beige	Braun
Silbergrau	Rot
Steingrau	Rot
Savannengrün	Hellbraun
Silberblau	Hellgrau
Tundrabeige	Hellbraun
Ultramarin	Hellgrau und Rot
Venezianisch Rot	Hellbraun
Weinrot	Hellbraun

USA-Ausführung mit 165 PS (Unterschiede)

Motordaten: Verdichtung 9:1; 165 DIN-PS bei 5800 U/min. (Drehmoment unverändert 24 DIN-mkg bei 4000 U/min.)

Motorkonstruktion: Andere Vergasereinstellung und Nockenwelle, kältere Zündkerzen
Treibstoff: Super (ROZ min. 98)

Theoretische Geschwindigkeits-Drehzahlverhältnisse: Unters. 3,42:1. Reifen: Extra-Super-Rekord 2,2 atü

Dreh-zahl U/min.	1. Gang km/h	2. Gang km/h	3. Gang km/h	4. Gang km/h	Kolben-geschwindigkeit (m/sek.)
a: 1000	11	18	27	37,4	2,5
b: 4000	44	72	110	150	10,0
c: 5800	64	105	159	217	14,5
d: 7000	77	126	192*	262*	17,5

Zunahme des Reifenrollradius bei hohen Geschwindigkeiten nicht berücksichtigt (1,75% bei 200 km/h).
b: max. Drehmoment; c: max. Leistung; d: max. erreichbare Drehzahl (nur bis 6500 U/min. empfohlen).
*Praktisch nicht erreichbar.

Karosserie: Unterschutz und Scheinwerferverkleidungen

Ausführung: Motor mit 165 PS für USA, in Europa auf Wunsch erhältlich − Vergaser: Lufttrichter 2 x 28, Hauptdüse 2 x 165 − Zündkerzen: Bosch W 260 T 1.

BMW 3200 CS Bertone

Nach den Typen 503 und 507 gab es bei BMW auf dem Sportwagensektor erst einmal eine Pause. Für ehrgeizige Projekte war einfach kein Geld mehr da. Der kleine BMW 700, der auf den freigewordenen Fließbändern vom 503 und 507 lief, hielt nur mit Mühe das Unternehmen über Wasser, und am Konzept des BMW 1500, das dann später auch einschlug, arbeiteten die Techniker schon. Zu den inzwischen recht betagten Achtzylindern fiel den BMW-Oberen nicht viel Originelles ein. Auch der durch die Sportwagen erhoffte Imagegewinn blieb aus und förderte nicht, wie erwartet, den Absatz der V8-Limousinen.

Trotzdem beschloß der Aufsichtsrat, das Programm nach oben hin wieder mit einem leistungsstarken V8-Coupé abzurunden. Was lag näher, probehalber einmal die Karosserie des italienischen Lancia Flaminia auf ein V8-Chassis zu setzen. Das Blechkleid des in Chivasso bei Turin gebauten vornehmen Italieners – Insider betrachteten ihn seinerzeit als schönste viertürige Limousine der Welt – paßte nämlich haargenau auf den bayerischen Unterbau. Aus welchen Gründen auch immer, es blieb bei dem Denkanstoß – die Kombination wurde sofort zum Scheitern verurteilt.

Dem Erscheinungsbild des Wagens und der gelungenen Werbeaufnahme nach zu urteilen könnte die junge Dame vor einem Serienfahrzeug posieren. Weit gefehlt: Sie lehnt an Nuccio Bertones Prototypen zum BMW 3200 CS Bertone. Nur selten wird die fast hundertprozentige Detailtreue – wie in diesem Fall – auf die Serie übertragen. Erst bei genauerem Hinsehen fällt der Unterschied auf. Runde Nebellampen unter den Hauptscheinwerfern gab es in dieser Ausführung beim Serienanlauf nicht mehr. Die Scheibenwischer sind noch nicht in „Schmetterlingsanordnung", die Felgen stammen von der 502-Limousine.

Fest stand jedenfalls, daß das geplante Projekt keinesfalls hauseigene Kapazitäten blockieren durfte – die benötigte BMW für die „Neue Klasse". Grund genug, die
neue Coupé-Karosserie „auswärts" fertigen zu lassen –
und zwar in Turin bei Nuccio Bertone. So blieb die Ange-
legenheit letztendlich italienisch angehaucht, und warum sollte Bertone nicht auch den Auftrag erhalten. Gerade seine Entwürfe waren es, die BMW am meisten zusag-
ten. Trotzdem mußte er hier und dort Zugeständnisse an
seinem Design in Kauf nehmen, vor allem die Vorderfront
gefiel den Bayern nicht. Bertone plazierte nämlich direkt
unter den Hauptscheinwerfern runde Nebelleuchten, eine Anordnung, für die in der Stoßstange extra Aussparungen berücksichtigt werden mußten. Er orientierte sich
dabei an der Front des 503, doch die Übertragung dieser
Auslegung auf das neue Coupé ließ den Wagen optisch
relativ hoch erscheinen. Und genau so stellte BMW den
Neuling mit der werksinternen Bezeichnung BMW 532 im
September 1961 auf der Frankfurter Automobil-Ausstellung vor. Eine etwas traurige Präsentation, denn der
„3200 CS Bertone" – so lautete seine offizielle Bezeichnung – fristete ein Schattendasein. Hauptaugenmerk
galt diesmal dem lang ersehnten BMW 1500, jenem Vier-
zylinderwagen der „Neuen Klasse". Die Fachpresse
würdigte den neuen V8 nur mit dem Hinweis, daß das
Streben nach einem viersitzigen Innenraum (im Kfz-Brief
ist der Bertone als 5-Sitzer angegeben) zu schwerfälligen
Linien führte, der Bertone sei ein mißglückter Nachfolger
des 507. Hier lag in der Tat ein schwerwiegender Denk-
fehler vor, denn der 3200 CS wurde keinesfalls als Nachfolger des 507 konzipiert – vielmehr sollte er die Alternative zum seit zwei Jahren nicht mehr gebauten 503 bieten. In gewisser Hinsicht besaßen 503 und 3200 CS Ähn-
lichkeiten, sah man von der Gestaltung der typischen
BMW-Niere ab. Sie verlor beim Bertone reichlich an Höhe und prägte zusammen mit dem breiten Kühlergrill das
noch heute gültige, wenn auch immer wieder modifizierte, Merkmal der „weiß-blauen" Wagen.

Wie sah nun der 3200 CS – sein „C" stand für Coupé,
das „S" für Super/Sport – als Serienfahrzeug aus? Die
ab Februar 1962 ausgelieferten Coupés unterschieden
sich vom Prototypen (mit Lenkradschaltung) vor allem in
der Frontpartie. Die runden Nebelscheinwerfer wichen
waagerecht plazierten, um die Kotflügelkanten herum-
gezogenen Funktionseinheiten mit integrierten Blinkern.
Somit entfielen die Aussparungen in den Stoßstangen,
die Bertone übrigens immer unverchromt lieferte. Dem
nicht genug, auch an der in Handarbeit hergestellten Karosserie durften die Bayern, was Nacharbeit und Paßgenauigkeit betraf, oft Hand anlegen. Daraus resultiert letztendlich der Preis. 29.850 DM kostete das Vergnügen,
auf üppigen Polstern Platz zu nehmen. Sonderausstattungen (Leder, Schiebedach, Radio usw.) ließen den Preis
gar auf 35.000 DM ansteigen).

Wer bereit war, 1.700 DM mehr auszugeben, und das ta-
ten viele, bekam dafür ein anderes Produkt deutscher
Wertarbeit: das Mercedes Coupé 300 SE mit 10 km/h weniger Endgeschwindigkeit und gänzlich anderem Design. Der Bertone jedoch prägte mit seiner neuartigen

*So wie dieser Lancia Flaminia hätte beinahe der BMW
3200 CS Bertone ausgesehen. Die Karosserie paßte ex-
akt auf das BMW-Chassis und hätte den Wagen als Vier-
türer optisch größer erscheinen lassen.*

3200 CS Prototyp.

*Der Unterschied zwischen Prototyp und Serie noch ein-
mal im Detail: Bertones Lösung von Blinker und Nebellampen in Form einer runden Einheit, hineingezwängt
zwischen Stoßstange und Hauptscheinwerfer. Eine Auslegung, die man in dieser Form sogar noch in frühen
Prospekte fand, obwohl die Serie längst anders gestylt
wurde.*

Dachlinie und pfostenlosen Seitenscheiben ein Erscheinungsbild, von dem die später folgende „CS"-Baureihe profitierte. Auch die runden Dreikammerleuchten fanden sich in abgewandelter Form ab 1966 in der „02"-Serie wieder.

BMW baute den Bertone in zwei Serien. Die erste Serie bis Fahrgestellnummer 76.175 besaß das durch eine Zwischenwelle vom Motor getrennte Getriebe, ab Fahrgestellnummer 76.176 erhielt der V8-Motor ein angeflanschtes Getriebe. Gleichzeitig verschwand das nüchterne Blecharmaturenbrett. Der Blickfang galt nun der hölzernen Bedienungstafel, auf Wunsch lieferbare Ledersitze sorgten zusätzlich für Behaglichkeit.

Zählte der Bertone schon zu Lebzeiten zu den seltenen Wagen im Straßenbild, sorgte ein auf Chassis Nr. 76.006 montiertes Fahrzeug für ganz besonderes Aufsehen. Es handelte sich hierbei um eine Cabriolet-Einzelanfertigung anno 1962, allerdings schon mit Ledersitzen und extra montierter Servolenkung. Wie beim BMW 503-Cabriolet ließen sich Verdeck und Fenster elektrisch betätigen. Das Fahrzeug, das sich heute in Privatbesitz befindet, gehörte damals dem Industriellen und BMW-Großaktionär Herbert Quandt. Quandt war von dem Wagen so begeistert, daß er eine Serienproduktion des offenen Bertone vorschlug. Der damalige BMW-Verkaufschef Paul G. Hahnemann winkte dennoch ab. Er ließ sogar die Produktion des Bertone Coupé nach 603 gebauten Einheiten auslaufen, weil er jeden Quadratmeter Platz im Münchener Werk für seine neuen Modelle 1500, 1600 und 1800 benötigte. Finanziell betrachtet, hatte Hahnemann sicher recht. Die letzten „Barockengel" verließen bereits im März 1964 die Werkshallen. Mit dem Bertone (Insider wissen zu berichten, daß sein Drehzahlmesser etwa 300 bis 400 Touren vorauseilte, um ein Überdrehen der Maschine zu verhindern) verabschiedete sich BMW im September 1965 von der V8-Epoche, ohne jemals mit diesen Fahrzeugen richtig glücklich geworden zu sein.

Innenausstattung des Prototyps 3200 CS mit Lenkrad eines 501/6.

Harmonisch eingefügt: Handschuhfach im Bertone.

Tachometer, Zeituhr und Drehzahlmesser: So sachlich nüchtern auf das Notwendigste beschränkt, zeigte sich das Armaturenbrett des Bertone im Blickfeld des Fahrers.

Ein kleiner, aber feiner Unterschied, der die Frontpartie des Bertone flach und „kräftig" erscheinen läßt: Waagerecht plazierte Funktionseinheiten unter den Scheinwerfern erfordern keine Aussparungen in den Stoßstangen. Kein Zweifel, hier handelt es sich um die endgültige Serienversion.

Aus der Werbung –
Wortlaut des Prospekts
BMW 3200 CS Bertone

Entwickelt aus der berühmten BMW V8-Serie, seit Jahren bewährt in der technischen Konzeption, doch grundlegend neu in der Karosserie: der BMW 3200 CS. Berückend schön ist die äußere Erscheinung dieses Automobils der Sonderklasse – nach einem Entwurf des bekannten italienischen Karossiers Bertone – fließend in der Linie, so präsentiert sich unaufdringliche Eleganz. Eindrucksvoll die Leistung, 160 PS bei 5600 U/min. Höchstgeschwindigkeit 200 km/h, Beschleunigung von 0-100 km/h in rund 11 Sekunden. Ungewöhnlich reichhaltig die Ausstattung – Komfort, der auch Verwöhnte überrascht: einladende, luxuriöse Komfortsitze, mit Liegesitz-Beschlägen vorn, die helle Geräumigkeit eines komfortablen Viersitzers, elektrisch betätigte Fensterheber, was Sie sich auch wünschen – an alles ist gedacht.

Alle Garantien für die höchste Sicherheit bietet der BMW 3200 CS: den verwindungssteifen Vollschutz-Kastenrahmen, die leicht ansprechende Drehstab-Federung an allen Rädern, die kontaktsichere, spurtreue Lenkung, selbstverständlich die vollendeten Scheibenbremsen und den dynamischen BMW V8 Zylinder-Motor, der durch seine gewaltige Beschleunigung Sicherheit beim Überholen gibt.

Was sich unter der nach vorn öffnenden Haube befindet, wirkt auf den ersten Blick etwas enttäuschend und nüchtern. Doch es kommt nicht immer auf die Verpackung an: 160 PS entfalten auf ihre Art reichlich Kraft – und zwar sanft und geschmeidig.

Ein 3200 CS Bertone, der in keinem Prospekt zu finden war und nie in Verkaufsunterlagen auftauchte. Trotzdem war dieser Wagen ein ganz „offizieller" BMW. Er wurde extra für den BMW-Großaktionär Herbert Quandt bei Bertone zum Cabriolet mit Vollederausstattung und elektrisch versenkbarem Verdeck umgebaut. Heute ist dieses Einzelstück im Besitz eines westfälischen Sammlers.

Sicherlich hätte diese Cabrioversion als Serienfahrzeug das Verkaufsprogramm mehr als bereichert. Um ein Haar wäre es auch geschehen, doch die großen Achtzylinder-Wagen brachten BMW alles andere als Gewinne.

Auch das Heck wurde optisch niedrig gehalten. Weit um die Kotflügel herumgezogene Stoßstangenenden verfehlen nicht ihre Wirkung. Runde Dreikammerleuchten.

Erst in der Seitenansicht ist die Coupéform erkennbar: Großzügige Verglasung und pfostenlose Seitenscheiben lassen den Wagen niedriger wirken als er ist. Eine breite Chromleiste im Schwellerbereich verstärkt diesen Eindruck. Wer wollte, konnte seinen Bertone mit Weißwandreifen zusätzlich aufwerten.

50 Jahre BMW-Coupé-Tradition, von oben nach unten zum Vergleich: 327/28 mit 2-Liter-Sechszylinder und 80 PS, eine Traumwagen der dreißiger Jahre. 3200 CS (Bertone) erschien 1961 und hatte den am weitesten fortentwickelten 3,2-Liter-V8-Motor mit 160 PS. 2000 C und CS von 1965 mit 100 und 120 PS. Mit dem 635 CSi hat BMW 1978 erneut ein Spitzen-Coupé verwirklicht.

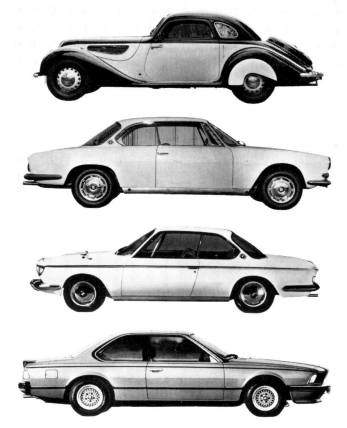

3200 CS mit Stahlschiebedach.

DM 29 850,— ab Werk

einschließlich Scheibenbremsen

mit Bremsverstärker,

elektrische Fensterheber-Anlage,

2-stufiges Heizungsgebläse,

elektrische Scheibenwaschanlage,

Drehzahlmesser,

elektrische Zeituhr,

eingebaute Nebel- u. Rückfahrscheinwerfer,

Radzierblenden,

Liegesitzbeschläge,

Aufpreis für Lederausstattung (auf Wunsch)   DM 1 550,—

Sonderausstattung bei Bandmontage

Preise bzw. Mehrpreise nur bei Erstausrüstung

Becker-Autosuper „GRAND PRIX" (mit automatischer Antenne)	DM 960,—
Blaupunkt-Autosuper „KÖLN-TR DE LUXE" (mit automatischer Antenne)	DM 930,—
Blaupunkt-Autosuper „FRANKFURT-TR DE LUXE" (mit automatischer Antenne)	DM 760,—
Zweiter Lautsprecher (Hecklautsprecher)	DM 80,—
Stahlschiebedach mit elektrischer Betätigung	DM 1 200,—
Sicherheitsgurt (pro Sitz)	DM 86,50
Weißwandreifen (7.00 x 15")	DM 215,—
Außenspiegel rechts	DM 35,—
Zweifarbige Lackierung	DM 250,—

Technische Daten BMW 3200 CS Bertone

Motor: V8-Zylinder (90°) – Bohrung/Hub: 82/75 mm – Hubraum: 3168 ccm – Verdichtung: 9:1 – Leistung: 160 PS bei 5600 U/min. – max. Drehmoment: 24,5 DIN-mkg bei 3600 U/min.

Motorkonstruktion: Leichtmetall-Zylinderköpfe und Leichtmetall-Kurbelgehäuse, nasse Laufbuchsen, hängend angeordnete Ventile (über Stoßstange und Kipphebel gesteuert), zentrale Nockenwelle durch Kette angetrieben, fünffach gelagerte Kurbelwelle – zwei Doppelfallstromvergaser Zenith 36 NDIX, spätere Ausführung: zwei Fallstrom-Registervergaser Solex 34 PAITA – elektrische Anlage: 12 Volt, 200 Watt – Wasserkühlung (10-Liter-Pumpe) – Schmierung: Öl, 6,5 Liter, Druckumlauf

Kraftübertragung: Einscheiben-Trockenkupplung, sperrsynchronisiertes Vierganggetriebe Typ S4-17 von ZF (unter den Vordersitzen angeordnet), Hinterachsantrieb, Übersetzung 3,89:1 oder 3,70:1; wahlweise Lenkrad- oder Knüppelschaltung – Übersetzungen: 1. Gang 3,71:1 oder 3,397:1, 2. Gang 2,27:1 oder 2,073:1; 3. Gang 1,49:1 oder 1,364:1, 4. Gang 1,00:1; Rückwärtsgang 3,49:1 oder 3,180:1

Fahrwerk, Aufhängung: Kastenrahmen mit Längs- und Querrohrträgern; vorn doppelte Dreiecks-Querlenker, hinten Starrachse mit Dreiecks-Schublenkern; einstellbare Drehstabfedern und Teleskopstoßdämpfer vorn und hinten – Hydraulische Fußbremse mit Bremsservo, vorne Scheibenbremsen mit Ø 267 mm, hinten Trommelbremsen mit Ø 284 mm (Belagfläche 1300 cm²) – Lenkung mit Kegelzahnrädern, Übersetzung 16,5:1; 3,5 Lenkradumdrehungen – Tankinhalt: 75 Liter – Reifen: (bei Hinterachse 3,89:1) 7.00-15 (bei Hinterachse 3,70;) 185-15 SP – Felgen: 5J x 15

Serienausführung: viersitziges Coupé mit Stahlblechkarosserie, Tageskilometerzähler, Öldruck- und Wassertemperaturanzeige, regelbare Armaturenbeleuchtung, Doppelklanghorn, Zigarrenanzünder, Drehzahlmesser, Lenkradschloß, Verbundglasfrontscheibe, elektrische Scheibenwaschanlage, Zeituhr, elektrische Fensterheber, Liegesitze, Schaumgummipolsterung, asymmetrisches Abblendlicht, Nebelscheinwerfer, Rückfahrscheinwerfer, vordere Scheibenbremsen, Werkzeugkasten, spätere Ausführung mit Holzarmaturenbrett, abschließbarem Tankdeckel

Zusatzausrüstung: elektrisches Stahlschiebedach, Sicherheitsgurte, Kunstleder- oder Ledersitze (später serienmäßig), zweiter Außenspiegel, Frontscheibe mit Grünkeil, Radioanlage und Motorantenne

Außenfarben: Anthrazit, Diamantschwarz, Elfenbein (Manila), Federweiß, Nylonbeige, Olivgrün, Papyrus, Steingrau, Staubbeige, Türkisfeurig, Veloursrot

Polsterfarben: für Stoff: Beige (gestreift), Blau (gestreift), Grün (gestreift); für Leder und Kunstleder: Grau, Maisgelb, Nizzarot, Pergament, Savannengelb, Schwarz, Taubenblau, Tabakbraun, Venezianischrot, Weißbeige

Teppichfarben: Girloon-Teppich in Anthrazit, Beige oder Honig; Bouclé-Teppich in Naturgrau

Abmessungen: Radstand: 2835 mm – Spur vorn: 1330 mm – Spur hinten: 1416 mm – Gesamtlänge: 4330 mm – Breite: 1720 mm – Höhe: 1460 mm – Wendekreis: 12,5 m – Wagengewicht: 1500 kg – zul. Gesamtgewicht: 1900 kg – Höchstgeschwindigkeit: 200 km/h – Beschleunigung von 0-100 km/h: 11 sek. – Verbrauch: ca. 16 Liter Super/100 km

Preis: 29.850 DM

Produktion: September 1961 bis September 1965, insgesamt 603 Fahrzeuge, darunter ein Cabrio-Einzelstück

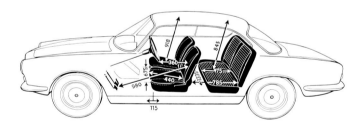

3200 CS mit BMW-Emblem seitlich hinten. Bei späteren CS-Coupés wurde dieses Seitenemblem beibehalten.

Glas 2600 V8 und BMW Glas 3000 V8

Die Gründe, weshalb am 10. November 1966 die Bayerischen Motoren Werke die Hans Glas GmbH übernahmen, lagen klar auf der Hand. Glas wollte eine völlig neue Fahrzeuggeneration schaffen, die Sportwagenreihe „GT" und der große Glas V8 sollten aber weiterlaufen. Glas beantragte eine Staatsbürgschaft, doch die ihm zur Verfügung gestellten Mittel erschienen ihm zu niedrig. Er vertrat bereits seit Jahren seine Meinung, man müsse gegebenenfalls zum richtigen Zeitpunkt entweder kooperieren oder verkaufen. Nach mehreren Verhandlungen mit VW, Ford und Studebaker fand Glas in BMW den geeigneten Partner. Eine Zeitlang nach der Übernahme durch BMW liefen noch Goggomobil, Glas 1304, 1004 und das flotte Glas 1700 GT Coupé, nunmehr von BMW unter der Bezeichnung BMW 1600 GT modifiziert, vom Band. Den krönenden Abschluß bildete das große 2,6-Liter-Coupé, bestückt mit einem V8-Zylinder-Motor, der Glas 2600 V8

Es war eigentlich nur eine Frage der Zeit, bis Glas in diese automobile Klasse vorstieß, denn daß er ständig die Steigerung suchte, bewies er immer wieder aufs neue. Ein Fahrzeug mit Sechszylindermotor zu bauen existierte nur gedanklich. Der Schritt zum Achtzylinderaggregat war wesentlich leichter, denn hierzu konnte man nach Art des Baukastensystems zwei Vierzylindermotoren koppeln. Glas' Chefkonstrukteur Karl Dompert fixierte die Idee des neuen Aggregats – Fritz Fiedler (er wirkte 1949 bei der Entwicklung des BMW V8-Zylinders mit) stand mit fachlichem Rat auf seiner Seite. Die Entwicklungskosten des Motors konnten niedrig gehalten werden, weil im V8-Triebwerk Teile des 1300er Motors Verwendung fanden.

Viele Besucher der Frankfurter IAA 1965 staunten nicht schlecht, als auf dem Ausstellungsstand der Dingolfinger wieder ein neuer Wagen debütierte. Das exklusive 4 bis 5sitzige Sportcoupé Glas 2600 sollte eine Käuferschicht ansprechen, die Repräsentativität und Sportlichkeit gleichzeitig suchte. Glas war es jedenfalls gelungen, mit dem Wagen, dessen Karosserieentwurf vom Italiener

Die Karosserie, eine Kreation Pietro Fruas, wurde in Italien gefertigt, in Dingolfing komplettiert und montiert. Unumgänglich waren Nacharbeiten der Paßgenauigkeit, da viele Einbauteile des Coupés bei Fremdfirmen geordert wurden. Das große, im Kühlergrill plazierte Glas-Emblem verrät die Herkunft des Coupés: Es kommt aus einem Hause, das einst mit dem kleinen Goggomobil zur Massenmotorisierung beitrug und nun den Einstieg in die automobile Luxusklasse wagte.

Das Glas-Emblem im Grill ist verschwunden, blauweiße „BMW-Farben" an Bug und Heckpartie bedeuten neben mehr Leistung unter der Haube auch ein Plus an Verarbeitungsqualität, verbunden mit einem höheren Preis. Ein Schriftzug – „Glas 3000" – gibt Auskunft über die Hubraumvergrößerung. Unter BMWs Regie gewann der Wagen durch Modifikation der Federung an Fahrkultur.

Pietro Fura stammt, in den Kreis der Luxusautomobile vorzustoßen. Die Ähnlichkeit zum Maserati gab dem V8 dann auch den Spitznamen „Glaserati". Das besondere an ihm war zweifelsohne der zum Antrieb der obenliegenden Nockenwellen verwendete Kunststoffzahnriemen – eine Spezialität von Glas, der dieses Prinzip erstmals 1958 bei seinen Vierzylindermotoren einsetzte.

Während man beim V8 die Führung der Vorderräder an Querlenkertrapezen mit Schraubenfedern und Teleskopdämpfern sowie einem Querstabilisator als konventionell bezeichnen konnte, wurde der Hinterachse mehr Beachtung geschenkt.

Es handelte sich um eine konstruktiv aufwendige De-Dion-Hinterachse. Sie bestand aus einem Tragrohr, an dem die Räder sitzen und das in Längsrichtung durch Halbelliptikfedern und quer durch einen Panhardstab stabilisiert wird. Das Ausgleichsgetriebe ist im gefederten Teil des Autos plaziert. Sein Gehäuse hängt am Wagenboden, und die Ritzelwelle steckt in einem nach vorn verlängerten Gehäuse, das gleichzeitig als Drehmomentstütze dient. Doppelgelenkwellen verbinden Räder und Differential. Die Blattfedern tragen nur 40% der Last. 60% werden von niveauregulierenden, hydropneumatischen Boge-Federbeinen übernommen, die sich selbständig auf Laständerungen einstellen.

Die Bremsscheiben der Hinterachse sitzen direkt am Differential, um die ungefederten Massen möglichst zu reduzieren. Innen sind sie trommelförmig ausgelegt und beherbergen die Innenbacken-Handbremse. Bremskraftverstärker und hydraulische Lenkhilfe sind ebenfalls serienmäßig.

Erlesen ging es auch im Innenraum zu. Allein das Armaturenbrett protzte mit sieben Rundinstrumenten. Interieur und Ausstattung waren exklusiv und sportlich zugleich. Gestreckte Konturen, niedrige Gürtellinie, große Fensterflächen und dezent abgestimmter Chrom (Edelstahlstoßstangen!) gaben dem Wagen besondere Akzente. Die Kommentare der Presse „Hecht im Karpfenteich" oder „Die große Rakete aus Dingolfing" waren Beispiele dafür, wie der rassige Wagen emporgejubelt wurde.

Im Juli 1966 begann die Produktion des V8. Gegenüber dem Prototyp mit 140 PS wurde die Leistung auf 150 PS bei 5.600 U/min. gesteigert. Mit diesen Werten angeboten, trug der 2600 V8 noch das stilisierte Glas-Symbol in der verchromten Kühlluftöffnung. Ab September 1967 lief der Wagen unter BMW-Regie. Leicht überarbeitet und auf 3 Liter Hubraum aufgebohrt (160 PS), kostete der „neue" BMW Glas 3000 V8 knapp 25.000 DM.

Durch die Übernahme der Hans Glas GmbH bereicherte ein Jahr lang wieder ein Luxusautomobil das BMW-Programm. Schleppende Verkaufszahlen des Glas/BMW V8 brachten das Unternehmen zwar nicht in eine Krise, die BMW mit den „hauseigenen" Achtzylindern gerade noch überwunden hatte – dennoch investierten die Bayern fleißig in das übernommene Glas-Projekt, um durch technische Modifikationen die Marktchancen des Coupés zu erhöhen. Vergeblich, wie sich herausstellen sollte. Im Sommer 1968 wurde der Glas/BMW V8 aus dem Programm gestrichen.

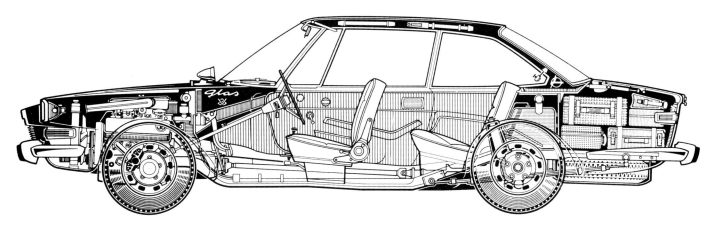

Die Konstruktion des Coupés im Schnitt: Ein vorderer Fahrschemel trägt die Vorderachse und die an Querlenkern und Schraubenfedern aufgehängten Vorderräder. Eine spurkonstante De-Dion-Hinterachse besitzt niveauregelnde Boge-Hydromat-Federbeine, die auch bei stärkster Belastung den vollen Federweg aufrechterhalten. Großzügig dimensioniert mit viel Beinfreiheit, geht es im Fond zu. Unter der Haube verdeckt ein überdimensionaler Luftfilter fast das gesamte Antriebsaggregat mit drei Doppel-Fallstromvergasern. Nur der mittlere Vergaser arbeitet im Leerlauf und bei normaler Belastung. Erst bei erhöhtem Leistungsbedarf werden die zwei weiteren Vergaser dazugeschaltet.

V8-Zylinder von Glas: die höchste, dennoch ausbaufähige Entwicklungsstufe nach dem Baukastensystem rationeller Fertigung. Bohrung und Hub entsprechen dem Glas 1300-ccm-Aggregat, das Hubvolumen des V8 ist doppelt so groß wie das der kleinen Maschine. Besondere Merkmale dieser Konstruktion sind geschmiedete Pleuel mit Doppel-T-Profil und ein Zylinderkopf aus Leichtmetalldruckguß.

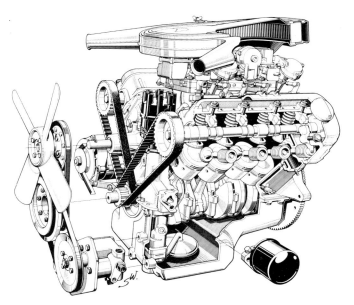

Technische Daten Glas 2600 V8 und <u>BMW Glas 3000 V8</u>

Motor: V8-Zylinder (90°) – Bohrung/Hub: 75/73 mm, <u>78/78 mm</u> – Hubraum: 2576 ccm, <u>2982 ccm</u> – Verdichtung: 9:1, <u>9,2:1</u> – Leistung: 150 PS bei 5600 U/min., <u>160 PS bei 5100 U/min.</u> – max. Drehmoment: 20,5 DIN-mkg bei 3500 U/min., <u>24,0 DIN-mkg bei 3900 U/min.</u>

Motorkonstruktion: Leichtmetall-Zylinderköpfe, fünffach gelagerte Kurbelwelle, V-förmig hängende Ventile, zwei obenliegende Nockenwellen durch je einen Zahnriemen angetrieben dre Solex Fallstromvergaser Typ 35 DDIS – elektrische Anlage: 12 Volt, 500 Watt, Transistorzündung – Wasserkühlung (15,5-Liter-Pumpe) – Schmierung: Öl, 6,5 Liter, Druckumlauf

Kraftübertragung: Einscheiben-Trockenkupplung, vollsynchronisiertes Vierganggetriebe, Hinterachsantrieb, geteilte Kardanwelle, Übersetzung 3,364:1 – Übersetzungen: 1. Gang 3,71:1, <u>3,918:1</u>; 2. Gang 2,19:1, <u>2,133:1</u>; 3. Gang 1,33:1, <u>1,361:1</u>; 4. Gang 1,00:1; Rückwärtsgang 3,483:1

Fahrwerk, Aufhängung: Selbsttragende Ganzstahlkarosserie,

vorn doppelte Dreieck-Querlenker, Schraubenfedern, Gummizusatzfedern, Querstabilisator; hinten De-Dion-Achse mit Panhardstab, Dreiblatt-Halbfedern – Hydraulische Vierrad-Scheibenbremse mit Bremsservo, Ø vorn 272 mm, Ø hinten 268 mm, Handbremse mechanisch auf Hinterräder – Servounterstützte Schneckenlenkung, Übersetzung 15,7:1; drei Lenkradumdrehungen – Tankinhalt: 80 Liter – Reifen: 175 HR 14, <u>185 HR 14</u> – Felgen: 5 J x 14, <u>5½ JK x 14</u>

Abmessungen: Radstand 2500 mm – Spur vorn: 1420 mm, <u>1432 mm</u> – Spur hinten: 1400 mm, <u>1412 mm</u> – Gesamtlänge: 4600 mm – Breite: 1750 mm – Höhe 1380 mm – Wendekreis: 11 m, <u>11,1 m</u> – Wagengewicht: 1130 kg, <u>1350 kg</u> – zul. Gesamtgewicht: 1560 kg, <u>1800 kg</u> – Höchstgeschwindigkeit: 198 km/h, <u>195 km/h</u> – Beschleunigung von 0-100 km/h: 11 sek., <u>10 sek.</u> – Verbrauch: ca. 14 Liter Super/100 km, <u>ca. 16 Liter Super/100 km</u>

Preise: 18.880 DM, <u>23.850 DM</u> – Produktion: von Juli 1966 bis September 1967 300 Stück V8, 2,6 Liter; <u>von Juni 1967 bis Mai 1968 418 Stück V8, 3 Liter</u>

Baujahr	Typ	Zyl.	ccm	PS	V-max km/h	Gewicht kg	Preis Mark	Produktion
1954–55	BMW 501 A Limousine	6	1971	72	140	1340	14 180,–	
1954–55	BMW 501 B Limousine	6	1971	72	140	1340	12 680,–	
1954	BMW 501 A Coupé	6	1971	72	140	1340	18 100,–	} 3 327
1954	BMW 501 A Cabriolet 2 Türen	6	1971	72	140	1340	18 200,–	
1954	BMW 501 A Cabriolet 4 Türen	6	1971	72	140	1340	18 200,–	
1955–58	BMW 501/6 Limousine	6	2077	72	145	1340	12 500,–	
1955–58	BMW 501/6 Coupé	6	2077	72	145	1340	17 850,–	} 3 459
1955–58	BMW 501/6 Cabriolet	6	2077	72	145	1340	17 950,–	
1954–58	BMW 501 V 8-Limousine	8	2580	95	160	1430	13 950,–	
1958–61	BMW 2.6 Limousine	8	2580	95	160	1430	13 450,–	} 5 914
1961–62	BMW 2600	8	2580	100	162	1440	16 240,–	
1954–58	BMW 502 – 2,6 Liter	8	2580	100	160	1440	17 800,–	
1954–58	BMW 502 Coupé	8	2580	100	160	1440	21 800,–	
1954–58	BMW 502 Cabrio 2 Türen	8	2580	100	160	1440	21 900,–	} 3 117
1954–58	BMW 502 Cabrio 4 Türen	8	2580	100	160	1440	21 900,–	
1958–61	BMW 2,6 Luxus Limousine	8	2580	100	160	1440	16 450,–	
1961–64	BMW 2600 L	8	2580	110	165	1440	18 240,–	
1955–58	BMW 502 – 3,2 Liter	8	3168	120	170	1470	17 850,–	
1958–61	BMW 3,2	8	3168	120	170	1470	17 850,–	} 2 537
1961–62	BMW 3200 L	8	3168	140	175	1470	19 640,–	
1957–61	BMW 3,2 Liter Super	8	3168	140	175	1500	19 770,–	
1961–63	BMW 3200 S	8	3168	160	190	1490	21 240,–	} 1 328
1956–59	BMW 503 Coupé	8	3168	140	190	1500	29 500,–	
1956–59	BMW 503 Cabriolet	8	3168	140	190	1500	29 500,–	} 412
1956–59	BMW 507 Roadster	8	3168	150	220	1330	26 500,–	253
1962–65	BMW 3200 CS Coupé	8	3168	160	200	1500	29 850,–	603

502 in Las Palmas auf den Kanarischen Inseln.

Lieferbare Podszun-Motorbücher

Die „Typenreihe"
Eckhart Bartels: Das Opel Kapitän Buch
Peter Michels: Das Borgward Isabella Buch
Johannes Kuhny: Das Ford Capri Buch
Reinhard Lintelmann: Das BMW V8 Buch
Hans Otto Meyer-Spelbrink: Das Citroën DS Buch

Die „Markenreihe"
Eckhart Bartels: Opel Personenwagen
Hans Otto Meyer-Spelbrink: Citroën Personenwagen
Udo Bols: Mercedes Personenwagen
Peter Michels: Borgward Personenwagen
Reinhard Lintelmann: NSU Personenwagen
Heinrich Weis/Hans Thudt: Ford Personenwagen
Fred Steininger: Fiat Personenwagen

Die „Wirtschaftswunderreihe"
Bernd Regenberg:
Die deutschen Lastwagen der Wirtschaftswunderzeit
Band 1: Vom Dreiradlieferwagen zum Viereinhalbtonner
Band 2: Mittlere und schwere Fahrzeuge
Band 3: Omnibusse
Brigitte Podszun:
Die deutschen Autos der Wirtschaftswunderzeit
Die deutschen Motorräder der Wirtschaftswunderzeit
Die deutschen Mopeds der Wirtschaftswunderzeit
Reinhard Lintelmann:
Deutsche Roller und Kleinwagen der fünfziger Jahre
Die deutschen Autos der sechziger Jahre

Fordern Sie den neuesten Prospekt an:
Verlag Podszun-Motorbücher, Bahnhofstraße 9, 5790 Brilon